三维建模技术 3ds Max 项目化教程

主编 安秀芳 陈祥章 张敬斋

北京理工大学出版社
BEIJING INSTITUTE OF TECHNOLOGY PRESS

内 容 简 介

本书主要介绍如何使用 3ds Max 创建基本的三维模型、动画及大型三维场景，最后渲染出图的方法。

本书内容丰富、结构清晰，案例由浅入深、循序渐进，遵循虚拟现实行业的建模规则进行案例和项目的讲解，可适用于 3ds Max 2010/2012 及以上的英文版本的学习，书中有中英文对照的注释。

本书以就业为导线，以职场为情境，以任务为导向，围绕生活中常见的模型的场景、遵守企业项目的制作流程、遵守行业标准，设计了一系列真实的、生动的案例和大型综合项目。按照"素材的采集与处理—三维模型的创建—材质贴图的实现—灯光、摄像机的创建—渲染出图与后期"的流程对每个案例进行精心设计，引导读者在学习过程中，不但掌握就业所具备的知识技能，还能获得实际的项目经验。

本书既可作为各专科、本科院校艺术设计类和计算机类专业学生的教科用书，也可作为相关培训机构的教学用书或三维建模、三维动画设计爱好者的自学用书。

版权专有　侵权必究

图书在版编目（CIP）数据

三维建模技术 3ds Max 项目化教程 / 安秀芳，陈祥章，张敬斋主编. —北京：北京理工大学出版社，2017.12（2021.1 重印）

ISBN 978-7-5682-4425-1

Ⅰ．①三… Ⅱ．①安… ②陈… ③张… Ⅲ．①三维动画软件–教材 Ⅳ．①TP391.41

中国版本图书馆 CIP 数据核字（2017）第 182749 号

出版发行 /	北京理工大学出版社有限责任公司
社　　址 /	北京市海淀区中关村南大街 5 号
邮　　编 /	100081
电　　话 /	（010）68914775（总编室）
	（010）82562903（教材售后服务热线）
	（010）68948351（其他图书服务热线）
网　　址 /	http://www.bitpress.com.cn
经　　销 /	全国各地新华书店
印　　刷 /	河北盛世彩捷印刷有限公司
开　　本 /	787 毫米×1092 毫米　1/16
印　　张 /	18.5
字　　数 /	440 千字
版　　次 /	2017 年 12 月第 1 版　2021 年 1 月第 4 次印刷
定　　价 /	51.00 元

责任编辑 /	封　雪
文案编辑 /	封　雪
责任校对 /	周瑞红
责任印制 /	施胜娟

图书出现印装质量问题，请拨打售后服务热线，本社负责调换

前　　言

本书主要通过实例教学的形式介绍用 3ds Max 构建建筑模型的方法和技巧。本书内容结构清晰、层次分明。全书共分 7 章，其中第 1 章到第 5 章为基础篇，第 6 章到第 7 章为综合应用部分，每个章节都有极具代表性的案例及场景，并且都有重点专题特色。

第 1 章是认识 3ds Max。主要通过介绍 3ds Max 的界面构成、操作技巧、控制对象的操作方法来让读者进一步了解和熟悉 3ds Max 的操作。

第 2 章是基本模型的创建。主要通过多种方法来实现模型的创建，包括几何体建模、二维图形建模、复合对象建模、常用修改器建模和多边形建模方法。其中室外小房子的小综合案例场贯穿了整个项目流程。本章中介绍了模型的创建，在第 3、4、6 章中分别进行相应内容的完善。

第 3 章是材质与贴图。主要通过典型的案例来了解贴图坐标的概念，掌握透明贴图材质、无缝贴图材质和 VRay 材质的使用方法。

第 4 章是室内外场景的灯光与摄像机。主要介绍室内外场景中静态摄像机的打法，以及 Photometric 灯光、Standard（标准）灯光、VRay 灯光在室内外场景的应用方法。

第 5 章是动画摄像机与简单动画。主要讲解简单并具代表性的刚体动画和柔体动画，让读者可以了解到关键帧的设置方法，为今后学习复杂的角色动画打下良好的基础。

第 6 章是室内外场景特效与渲染运用。主要介绍了 Default Scanline（默认扫描线）渲染器和 VRay 渲染器的使用和设置方法。

第 7 章是室内外场景的综合应用。本章严格按照企业真实项目的流程，讲解三个最具代表性的（室内场景、室外古代建筑和室外现代建筑）大型综合项目的制作方法。

通过本书的学习，读者不但能掌握 3ds Max 基本操作知识，还能通过综合项目的练习进一步了解和掌握完整流程，做到企业项目零对接，为今后从事相关的行业打下坚实的基础。

本书由安秀芳、陈祥章、张敬斋担任主编，刘颖、陈芬担任副主编，庞国德、曹启爽、郑伫、张云云、杨华等同学也为本书的编写工作做出了很大的贡献。

由于作者水平有限，书中难免会有不妥之处，恳请广大读者批评指正。如果读者在阅读本书的过程中遇到任何与本书相关的技术问题，请发邮件至 axf11@163.com 即可，我们将竭诚为您服务！

目 录

第1章 认识 3ds Max ··· 1
  1.1 3ds Max 界面构成 ··· 1
  1.2 视图、操作界面的定制 ·· 3
  1.3 操作技巧 ·· 5
  1.4 控制对象的操作 ·· 6
第2章 基本模型的创建 ·· 9
  2.1 Geometry（几何体）建模 ·· 9
    2.1.1 简单小凳子模型 ·· 9
    2.1.2 简易小柜模型 ··· 14
    2.1.3 简易茶几模型 ··· 20
    2.1.4 使用 Mirror（镜像）工具制作简约书架 ································ 24
  2.2 Shapes（二维图形）建模 ··· 27
    2.2.1 使用 Line（线）制作卡通章鱼 ··· 27
    2.2.2 使用 Splines（样条线）制作台历 ·· 31
  2.3 Compound Objects（复合对象）建模 ·· 35
    2.3.1 使用 ProBoolean（超级布尔运算）制作骰子 ························ 35
    2.3.2 使用 Lathe（车削）修改器制作餐具 ···································· 37
    2.3.3 使用 Loft（放样）工具制作窗帘 ·· 40
  2.4 常用 Modify（修改器）建模 ·· 44
    2.4.1 使用 Bevel Profile（倒角剖面）制作相框 ····························· 44
    2.4.2 使用 Extrude（挤出）修改器制作吊灯 ································ 47
    2.4.3 使用 FFD（自由变形）修改器制作休闲椅 ··························· 51
  2.5 Poly（多边形）建模 ·· 55
    2.5.1 电脑桌模型 ·· 55
    2.5.2 床头柜模型 ·· 61
    2.5.3 手电筒模型 ·· 64
    2.5.4 台灯模型 ··· 69
    2.5.5 坦克模型 ··· 73
    2.5.6 综合项目——室外小房子（模型部分） ································ 88
  2.6 机房场景模型的创建——多边形建模综合应用 ······························· 100
    2.6.1 电脑显示器模型 ·· 100
    2.6.2 键鼠和机箱模型 ·· 107
    2.6.3 电脑桌椅模型 ·· 108
    2.6.4 机房房间模型及整合 ·· 115

第3章 材质与贴图 ··· 120
3.1 认识 Material（材质）·· 120
3.1.1 Material Editor（材质编辑器）·· 120
3.1.2 贴图的处理和 UV 的使用 ··· 122
3.1.3 UVW Map（贴图坐标）的应用——房子场景的贴图部分（地面、房顶）··· 123
3.2 Standard（标准）材质 ·· 129
3.2.1 普通贴图——房子场景的贴图部分（门窗、台阶）······················ 129
3.2.2 透明贴图材质——房子场景的贴图部分（绿化）·························· 132
3.2.3 无缝贴图的应用——房子场景的贴图部分（水泥墙、砖墙）········ 134
3.3 VRay 材质 ··· 141
3.3.1 陶瓷材质 ·· 142
3.3.2 不锈钢材质 ·· 144
3.3.3 玻璃材质 ·· 145
3.3.4 水材质 ·· 147
3.3.5 水晶材质 ·· 149
3.3.6 镜子材质 ·· 151
3.4 Unwrap UVW（展开 UV）贴图材质 ··· 153

第4章 室内外场景的灯光与摄像机 ··· 160
4.1 摄像机的设置 ·· 160
4.2 3ds Max 的灯光介绍 ··· 161
4.3 Photometric（光度学）灯光 ·· 163
4.3.1 Target Light（目标灯光）开启与设置 ··· 164
4.3.2 光域网制作射灯 ·· 164
4.4 Standard（标准）灯光 ·· 168
4.4.1 使用 Target Spot（目标聚光灯）制作手电筒灯光 ······················ 168
4.4.2 使用 Target Direct（目标平行灯）模拟日光 ······························ 169
4.4.3 小房子场景灯光应用 ·· 171
4.5 VRay 灯光 ·· 173
4.5.1 测试 VRay 光源的双面发光与不可见 ·· 174
4.5.2 利用 VRay 光源制作台灯 ·· 177
4.5.3 利用 VRay 太阳制作室内灯光 ·· 181

第5章 动画摄像机与简单动画 ·· 184
5.1 动画摄像机的制作 ·· 184
5.2 小球弹跳动画的制作 ·· 186
5.3 开门动画的制作 ·· 188
5.4 窗帘拉开动画的制作 ·· 191

第6章 室内外场景特效与渲染运用 ··· 194
6.1 Default Scanline（默认扫描线）渲染器 ·· 194

6.2　VRay渲染器 ……………………………………………………………… 196
　　6.3　渲染器综合项目——卫生间场景的实现 ………………………………… 200
　　　　6.3.1　综合项目——材质设置 …………………………………………… 201
　　　　6.3.2　综合项目——灯光与摄像机设置 ………………………………… 207
　　　　6.3.3　综合项目——渲染器设置 ………………………………………… 211
第7章　室内外场景的综合应用 ……………………………………………………… 213
　　7.1　室内场景的综合应用 ……………………………………………………… 213
　　　　7.1.1　室内模型的创建（根据CAD图建模） …………………………… 214
　　　　7.1.2　室内材质的制作 …………………………………………………… 226
　　　　7.1.3　室内灯光与摄像机设置 …………………………………………… 229
　　　　7.1.4　室内渲染器设置 …………………………………………………… 234
　　7.2　室外古代建筑的应用 ……………………………………………………… 235
　　　　7.2.1　古代建筑模型的创建 ……………………………………………… 235
　　　　7.2.2　古代建筑材质贴图的实现 ………………………………………… 258
　　　　7.2.3　古代建筑灯光与摄像机设置 ……………………………………… 262
　　　　7.2.4　古代建筑渲染器设置 ……………………………………………… 263
　　7.3　校园场景的实现（根据现场建模） ……………………………………… 264
　　　　7.3.1　校园地形的创建 …………………………………………………… 265
　　　　7.3.2　校园建筑的创建 …………………………………………………… 272
　　　　7.3.3　校园场景贴图材质与摄像机设置 ………………………………… 277
　　　　7.3.4　校园场景灯光、渲染器设置 ……………………………………… 283
参考文献 ……………………………………………………………………………… 286

第1章
认识 3ds Max

本章要点

本章主要介绍 3ds Max 的界面构成以及认识界面内的小工具等。
本章包括以下内容：
- 3ds Max 界面构成
- 视图、操作界面的定制
- 操作技巧
- 控制对象的操作

1.1　3ds Max 界面构成

（1）3ds Max 各区域的介绍。如图 1-1 所示。

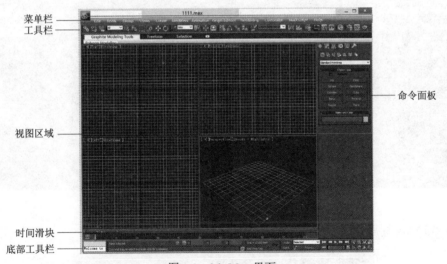

图 1-1　3ds Max 界面

菜单栏：单击菜单名称可以点开菜单，每个菜单都包含许多可执行的命令。

工具栏：3ds Max 中的很多命令均可由工具栏上的按钮来实现。默认情况下，仅主工具栏是打开的，停靠在界面的顶部，可以打开和关闭工具栏，也可将其放置到指定的位置。

视图区域：3ds Max 的核心区域，也是占用面积最大的一个区域，主要用于观察、调节所编辑的对象。

时间滑块：显示当前帧并可以通过它移动到【活动时间段】中的任何帧上。右键单击滑块栏，打开【创建关键帧】，在该对话框中可以创建位置、旋转或缩放关键帧而无须使用【自动关键帧】按钮。

底部工具栏：用于设置关键帧、脚本、坐标提示以及视图控件。

命令面板：命令面板由 6 个用户界面面板组成，使用这些面板可以使用 3ds Max 的大多数建模功能，以及一些动画功能、显示选择和其他工具。每次只有一个面板可见。要显示不同的面板，单击"命令"面板顶部的选项卡即可。

（2）3d Max 的视口显示有 4 个视图，如果要切换到单一的视图显示，可以单击界面右下角的【最大化视口切换】按钮或按【Alt】+【W】组合键，如图 1-2 所示。

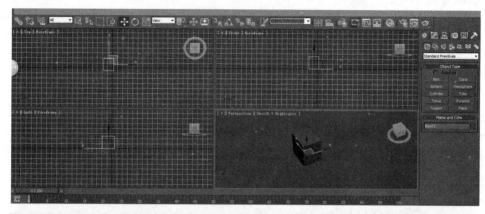
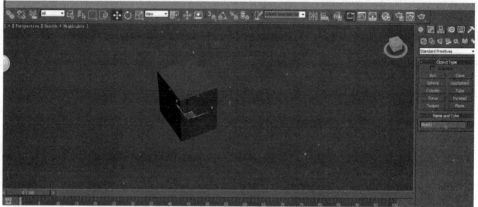

图 1-2　视图最大化

（3）3d Max 标题栏位于界面顶端，如图 1-3 所示。

图 1-3　标题栏

第 1 章 认识 3ds Max

（4）单击【应用程序】图标 弹出菜单下拉框，具体如图 1-4 所示。

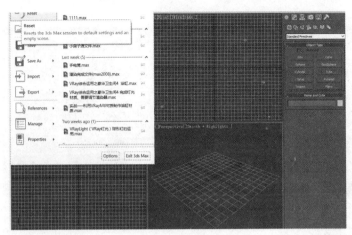

图 1-4 菜单栏

1.2 视图、操作界面的定制

（1）视图区是 3ds Max 的重要工作区域，用户要在视图区中完成所有的创建。

进入 3ds Max 后，视图默认显示为四视图，其工作区域被划分为四块区域，如图 1-5 所示。

01："顶"视图（T）；
02："前"视图（F）；
03："左"视图（L）；
04："透"视图（P）。

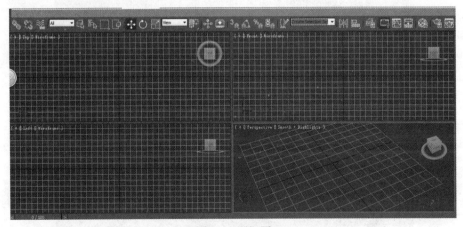

图 1-5 四视图

（2）一般的工作方式是在 3 个正视图中完成模型的创建，以此来获得准确的数据，然后通过"透"视图来对已创建完成的模型进行立体效果查看。

（3）视图的划分显示在 3d Max 是可以调整的，可以根据用户需求改变视图的大小或者

- 3 -

视图的显示方式，单击"Views-View Configuration"【视图/视口配置】，如图1-6所示。

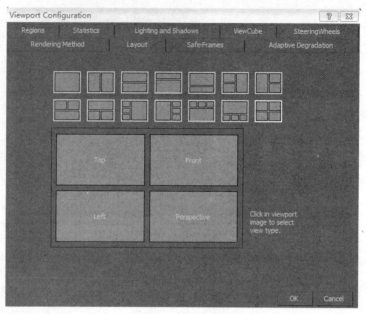

图1-6 视口配置

（4）选择第七个布局方式，在下面缩略图中可以观察到这个视图布局的划分方式，如图1-7所示。

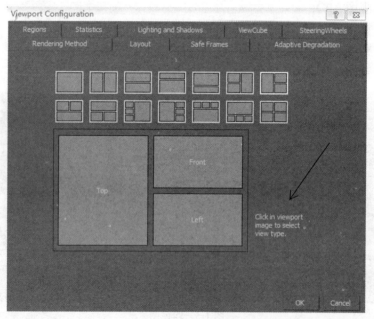

图1-7 视图布局

（5）在已经选的缩略图上单击鼠标右键，在弹出的菜单中可以选择应用哪个视图，如图1-8所示，选择好后单击确定，如图1-9所示。

第 1 章 认识 3ds Max

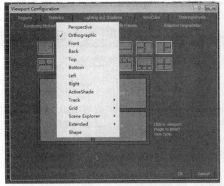
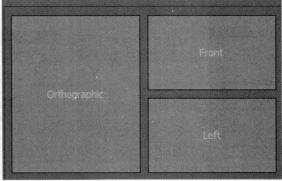

图 1-8 视图定制 1

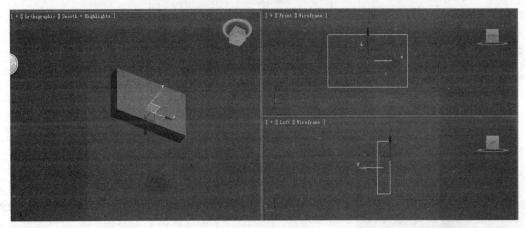

图 1-9 视图定制 2

1.3 操作技巧

本节主要介绍克隆的类型与区别、快捷键的设置、单位的设置和基础几何体的创建。这几种使用技巧对我们在工作效率上的提高与工作方法上的规范有着非常重要的作用，如在团队制作项目时，第一步工作便是对单位的设置进行统一，这样才能避免在模型合并时出现大小不一、比例不适的情况。

1. 单位设置

3ds Max 默认的系统单位为英寸，为了更符合我们的测量要求，通常会将单位设置为毫米、厘米或米，执行"Customize"【自定义】|"Units Setup"【单位设置】命令，打开"Units Setup"【单位设置】对话框，将单位设置为"Metric"【公制】，在下方的下拉列表中便可指定具体的单位，其中包含 Millimeters（毫米）、Centimeters（分米）、Meters（米）和 kilometers（公里）。

设置了显示单位比例之后还需要对系统单位进行设置。在"Units Setup"【单位设置】面板中单击"System Unit Setup"【系统单位设置】按钮，进入"System Unit Setup"【系统单位设置】对话框进行调节，如果显示单位设置为毫米，则系统单位也需要统一设置成毫米。如图 1-10 所示。

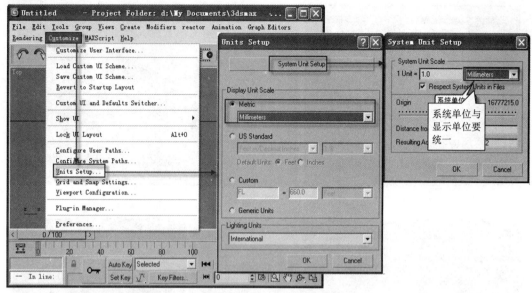

图 1-10 单位设置

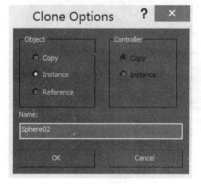

图 1-11 克隆图

2. 复制及复制类型的选择

执行菜单栏下的"Edit"（编辑）|"Clone"（克隆）命令，可以快速地在 3ds Max 中创建相同的物体，其快捷的操作方式有两种，分别是使用快捷键【Ctrl】+【V】和使用变换工具的同时按住【Shift】键，当执行了克隆命令之后会弹出"Clone Options"【克隆选项】对话框，在该对话框中可以选择复制的类型。如图 1-11 所示。

➢ "Copy"【复制】命令将创建一个与原始物体无关的克隆物体。修改一个物体时，不会对另外一个物体产生任何影响。

➢ "Instance"【关联复制】命令将创建与原始物体完全可交互的克隆对象，修改关联物体与修改原始物体的效果完全相同。

➢ "Reference"【参考】命令将创建一个与原始物体有关的克隆物体。在调节参考对象之前的修改器时，将会同时更改两个对象，而当其中一个对象应用新修改器时，对新修改器的调节将只会影响到该对象。

1.4 控制对象的操作

本节主要是介绍控制对象的基本操作（如移动、旋转、缩放、捕捉、对齐等），这些操作都是通过工具栏上的按钮来实现的，学习好这些基础的工具，有助于学生在今后的学习工作中能够快速地找到适合的工具，从而提高制作效率。

1. 选择工具

在 3ds Max 的工具栏中，用于选择的工具主要有 5 个，

图 1-12 选择工具

如图 1-12 所示。

➢ 选择过滤器 ![All]：使用【选择过滤器】列表，可以限制可由选择工具选择的对象的特定类型和组合。例如，如果选择【摄影机】，则使用选择工具只能选择摄影机，其他对象不会响应。在需要选择特定类型的对象时，这是冻结所有其他对象的实用快捷方式。

➢ 选择：可以在视图中选择对象或子对象，以便进行编辑。

➢ 从场景选择：可以打开【从场景选择】对话框，学员可以在该对话框中对对象进行选择，这样便要求用户在创建对象时养成合理命名的习惯。

➢ 选择方式：在该工具弹出的按钮中提供了可用于按区域选择对象的五种方法，分别是矩形、圆形、多边形、套索和绘制，如图 1-13 所示。

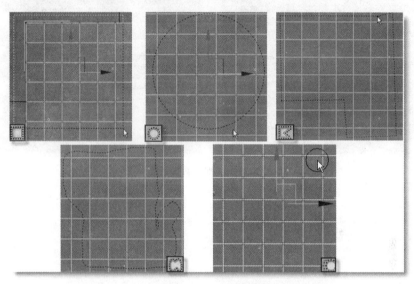

图 1-13　选择工具

➢ 窗口/交叉选择切换：激活按钮时，必须框选整个对象才能将物体选中；未激活该按钮时，只要与选区的边缘相交即可选中。

2．变换工具

3ds Max 的变换工具主要有 3 个，分别是移动工具、旋转工具和缩放工具。

➢ 移动工具：选择单个或多个对象沿指定的轴向移动，快捷键为【W】。

➢ 旋转工具：选择单个或多个对象沿指定的轴向旋转，快捷键为【E】。

➢ 缩放工具：选择单个或多个对象沿指定的轴向缩放，快捷键为【R】。

3．捕捉工具

捕捉命令分为四种捕捉方式，分别是维度捕捉、角度捕捉、百分比捕捉和微调器捕捉。

➢ 维度捕捉：该捕捉方式分为 3 种情况，分别是 3D 捕捉、2.5D 捕捉和 2D 捕捉。快捷键为【S】。

（1）2D 捕捉：光标仅捕捉活动构造的栅格和栅格平面上所有的几何体，将忽略对象 z 轴上的高度。

（2）2.5D 捕捉：光标仅捕捉活动栅格上对象投影的顶点或边缘。

（3）3D 捕捉：这是默认的捕捉方式，也是运用最广泛的捕捉方式。光标将直接捕捉到 3D 空间中的任何几何体，常用来为模型定位和创建精确定位的模型。

➢ 角度捕捉：使用旋转工具时，设置一个递增量围绕指定轴进行旋转。
➢ 百分比捕捉：使用缩放工具时，设置一个百分比数值来控制物体的缩放比例。
➢ 微调器捕捉：设置 3ds Max 中所有微调器每次单击时增加或减少的值。

在使用捕捉工具时，可以对捕捉时的参数或对象进行设置，如图 1-14 所示。

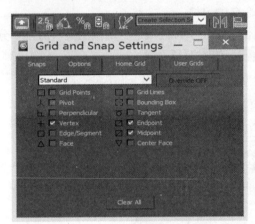 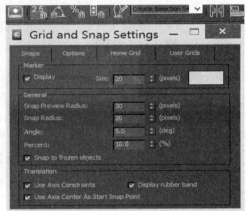

图 1-14　捕捉参数的设置

第 2 章　基本模型的创建

本章要点

本章主要介绍通过多种方法来实现模型的创建，主要介绍几何体建模、二维图形建模、复合对象建模、常用修改器建模和多边形建模方法，其中多边形建模是当前社会上最受欢迎、用得最多的一种建模方法。

本章包括以下内容：
- 几何体建模
- 二维图形建模
- 复合对象建模
- 常用修改器建模
- 多边形建模

2.1　Geometry（几何体）建模

本节主要是通过 3ds Max 内置的几何体模型来创建简单模型，通过建模的练习来学习 3ds Max 的操作方法和技巧。

2.1.1　简单小凳子模型

通过本案例的练习，可以熟练掌握使用长方体工具、移动复制工具的方法，同时掌握各种视图的应用方法。

小凳子最终效果如图 2-1 所示。

图 2-1　小凳子

（1）打开 3ds Max 软件，将系统单位和显示单位统一为毫米，如图 2-2 所示。

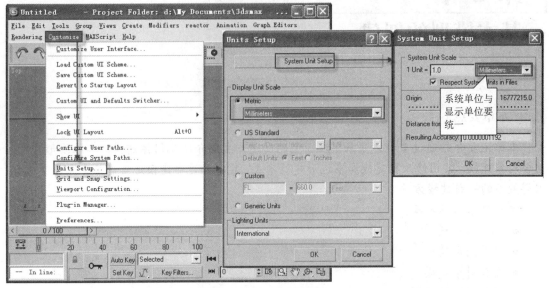

图 2-2　单位设置

（2）在【创建】面板中单击 Box 【长方体】工具，在场景中创建一个长方形，单击 【修改器】在【修改】面板中修改参数，设置"Length"【长度】为 200 mm，"Width"【宽度】为 140 mm，"Height"【高度】为 14 mm，效果及参数设置如图 2-3 所示。

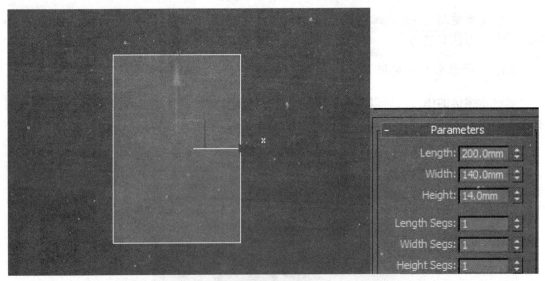

图 2-3　板凳面创造

（3）使用 Box 【长方体】工具，在场景中创建一个长方体，单击 【修改器】在【修改】面板中修改参数，设置"Length"【长度】为 200 mm，"Width"【宽度】为 13 mm，"Height"【高度】为 13 mm，使用 【捕捉】工具调整模型的摆放位置。捕捉工具栏的设置如图 2-4 所示。效果及参数设置如图 2-5 所示。

第 2 章 基本模型的创建

图 2-4 捕捉设置

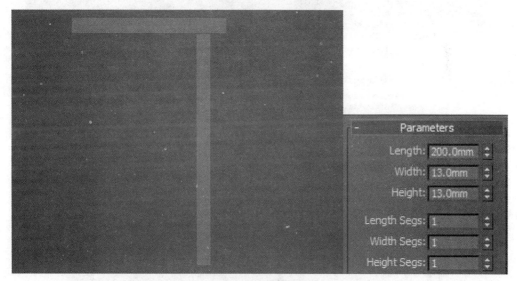

图 2-5 板凳腿创建

（4）回到顶视图中，按【F3】键使模型透明化，然后按住【Shift】键使用【移动并复制】工具复制，复制 3 个，调整位置，在顶视图中效果如图 2-6 所示。

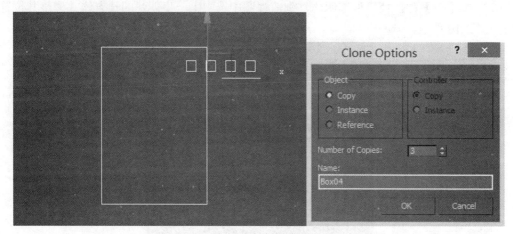

图 2-6 复制板凳腿

（5）使用 【捕捉】工具，使用 【移动并复制】工具，调整位置，效果如图 2-7 和图 2-8 所示。

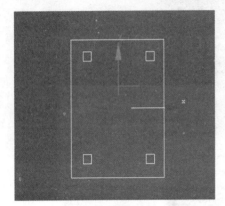

图 2-7　调整位置

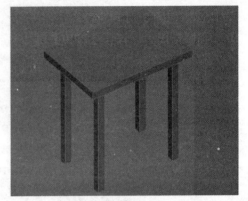

图 2-8　透视图中效果

（6）开启捕捉，到侧视图中创建一个长方体，参数及效果如图 2-9 所示。

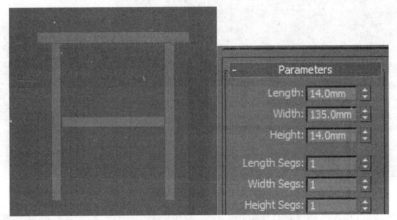

图 2-9　创建长方体板凳轴

（7）按【F3】键，使模型透明化，到前视图中选中上一步创建的长方体并调整其位置，效果如图 2-10 所示。

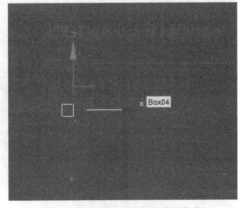

图 2-10　调整长方体板凳轴位置

第 2 章 基本模型的创建

（8）按住【Shift】键，并使用【移动并复制】工具，创造出另一边的模型，具体步骤如图 2-11 和图 2-12 所示。

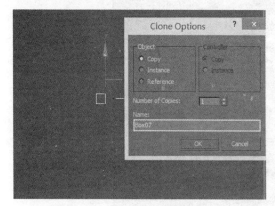

图 2-11 复制长方体板凳轴　　　　图 2-12 透视图中效果

（9）到前视图中，开启【捕捉】，在场景中创建一个长方体，参数及效果如图 2-13 所示。

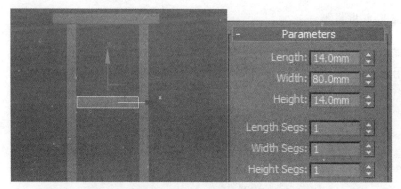

图 2-13 创建长方体板凳轴

（10）到侧视图中，按住【Shift】键，并使用【移动并复制】工具，复制出另一边的模型，具体效果如图 2-14 所示。

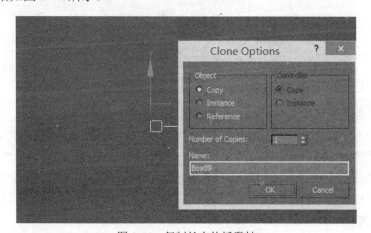

图 2-14 复制长方体板凳轴

（11）小凳子最终模型的效果如图 2-15 所示。

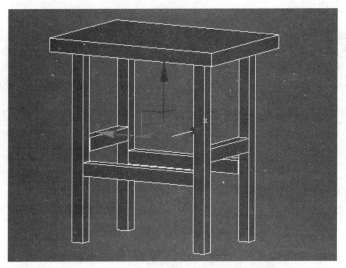

图 2-15　凳子最终模型效果

2.1.2　简易小柜模型

通过本案例的练习，可以熟练掌握使用长方体工具、移动复制工具的方法，同时掌握各种视图的应用方法。

简易小柜效果如图 2-16 所示。

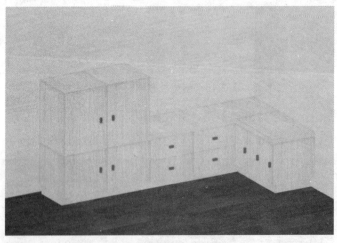

图 2-16　简易小柜效果

（1）打开 3ds Max 软件，将系统单位和显示单位统一为毫米，如图 2-17 所示。

（2）设置几何体类型为"Standard Primitives"【标准基本体】，效果如图 2-18 所示。然后单击"Box"【长方体】在透视图中创建一个长方体，单击 【修改器】在【修改】面板中修改参数，设置"Length"【长度】为 600 mm，"Width"【宽度】为 600 mm，"Height"【高度】为 500 mm，效果及参数如图 2-19 所示。

第 2 章 基本模型的创建

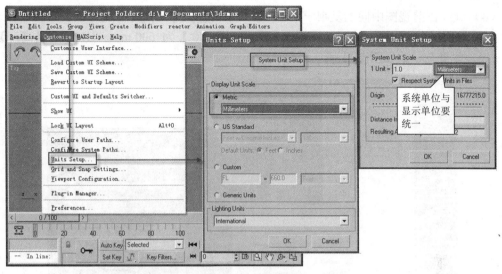

图 2-17 单位设置

图 2-18 创建长方体

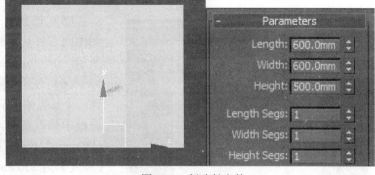

图 2-19 创建长方体

（3）使用【选择并移动】工具，选中长方体，按住【Shift】键，在前视图中同时向右移动复制一个长方体，效果如图 2-20 所示。

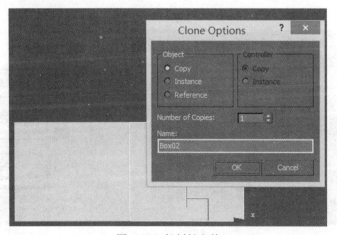

图 2-20 复制长方体

- 15 -

（4）继续在前视图中向上复制一个长方体，单击 【修改器】在【修改】面板中修改参数，设置"Length"【长度】为 600 mm，"Width"【宽度】为 600 mm，"Height"【高度】为 750 mm，效果及参数如图 2-21 所示。

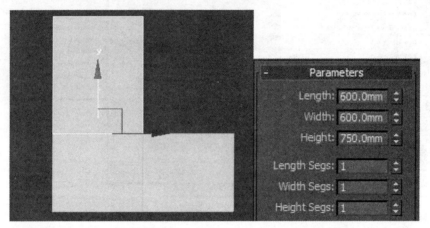

图 2-21　复制长方体

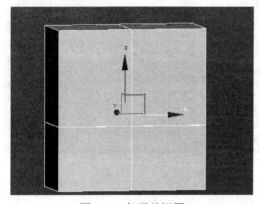

图 2-22　柜子前视图

（5）选择上一步创建的长方体，在前视图中向右移动复制一个长方体，效果如图 2-22 所示。

（6）使用 Box 【长方体】工具，创建一个长方体，单击 【修改器】在【修改】面板中修改参数，设置"Length"【长度】为 600 mm，"Width"【宽度】为 600 mm，"Height"【高度】为 250 mm，调整位置，效果及参数如图 2-23 所示。

（7）选择上一步创建的长方体，在前视图中向右移动复制一个长方体，效果如图 2-24 所示。

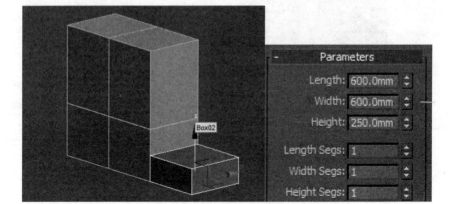

图 2-23　修改长方体

（8）选中前两步创建的长方体，在前视图中向上移动复制两个长方体，效果如图 2-25 所示。

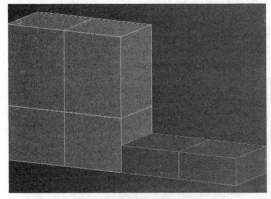
图 2-24　复制长方体 1

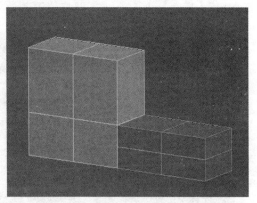
图 2-25　复制长方体 2

（9）继续使用"Box"【长方体】工具，在场景中创建一个长方体，单击 【修改器】在【修改】面板中修改参数，设置"Length"【长度】为 300 mm，"Width"【宽度】为 600 mm，"Height"【高度】为 500 mm，调整位置，效果及参数如图 2-26 所示。

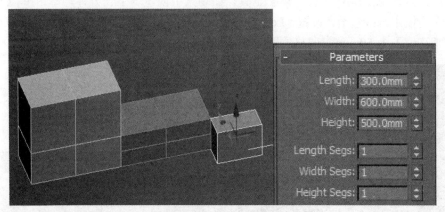
图 2-26　创建长方体

（10）选择上一步创建的长方体，在顶视图中向右移动复制两个长方体，效果如图 2-27 所示。

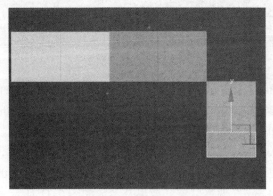
图 2-27　复制长方体

（11）继续使用"Box"【长方体】工具，在场景中创建一个长方体，单击 【修改器】在【修改】面板中修改参数，设置"Length"【长度】为600 mm，"Width"【宽度】为1 800 mm，"Height"【高度】为50 mm，调整位置，效果及参数如图2-28所示。

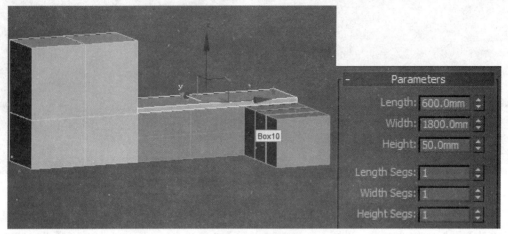

图2-28　创建桌面1

（12）继续使用"Box"【长方体】工具，在场景中创建一个长方体，单击 【修改器】在【修改】面板中修改参数，设置"Length"【长度】为900 mm，"Width"【宽度】为600 mm，"Height"【高度】为50 mm，调整位置，效果及参数如图2-29所示。

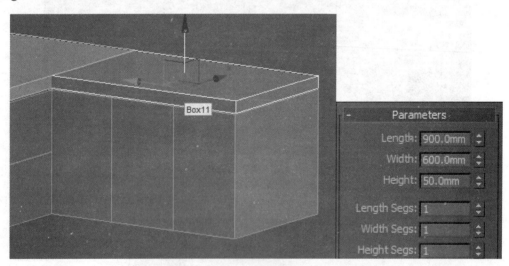

图2-29　创建桌面2

（13）继续使用"Box"【长方体】工具，在场景中创建一个长方体，单击 【修改器】在【修改】面板中修改参数，设置"Length"【长度】为500 mm，"Width"【宽度】为3 000 mm，"Height"【高度】为100 mm，调整位置，效果及参数如图2-30所示。

（14）继续使用 Box【长方体】工具，在场景中创建一个长方体，单击 【修改器】在【修改】面板中修改参数，设置"Length"【长度】为900 mm，"Width"【宽度】为500 mm，"Height"【高度】为100 mm，调整位置，效果及参数如图2-31所示。

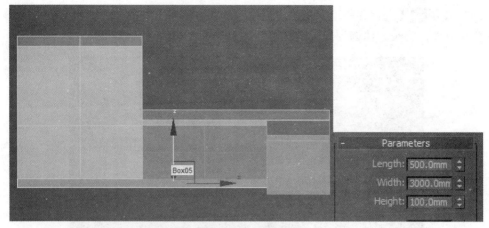

图 2-30 创建底座 1

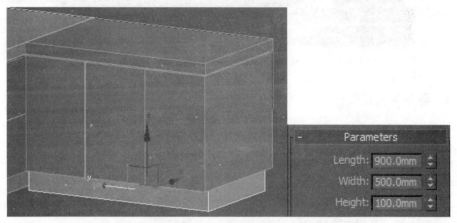

图 2-31 创建底座 2

（15）再次使用"Box"【长方体】工具，在场景中创建一个长方体，单击 【修改器】，在【修改】面板中修改参数，设置"Length"【长度】为 900 mm，"Width"【宽度】为 500 mm，"Height"【高度】为 100 mm，调整位置，效果及参数如图 2-32 所示。

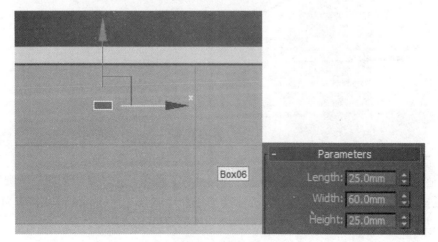

图 2-32 创建手柄

（16）使用 【选择并移动】工具，选中上一步创建的长方体，按住【Shift】键移动复制 10 个长方体，将长方体调到对应的位置，效果如图 2-33 所示。

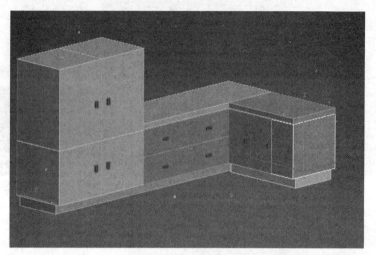

图 2-33　简易小柜模型效果

2.1.3　简易茶几模型

通过案例的练习，熟练掌握圆柱体工具、移动复制工具、对齐工具的使用方法。茶几效果如图 2-34 所示。

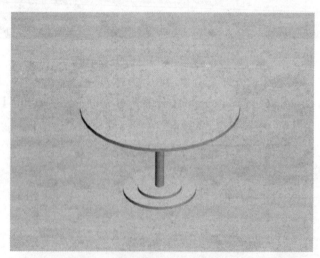

图 2-34　茶几效果

（1）启动 3ds Max 软件，将单位统一为毫米，效果如图 2-35 所示。

（2）在【创建】面板中单击"Cylinder"【圆柱体】按钮，在场景中创建一个圆柱体，在"Parameters"【参数】卷展栏下设置"Radius"【半径】为 55 mm，"Height"【高度】为 2.5 mm，"Sides"【边数】为 30 mm，具体参数设置及模型效果如图 2-36 所示。

图 2-35 单位设置

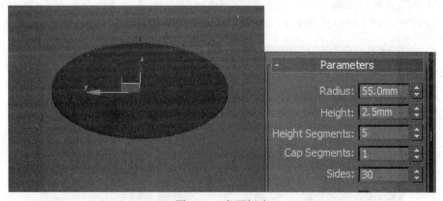

图 2-36 桌面创建

（3）选择桌面模型，按住【Shift】键使用【选择并移动】工具 在前视图中向下移动复制一个圆柱体，在弹出的"Clone Options"【克隆选项】对话框中设置对象为"Copy"【复制】，效果如图 2-37 所示。

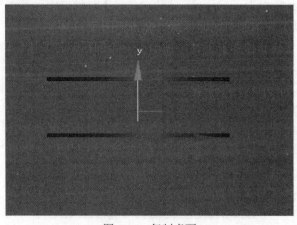

图 2-37 复制桌面

（4）选择复制出来的圆柱体，在"Parameter"【参数】的卷展栏中设置"Radius"【半径】为 3 mm，"Height"【高度】为 60 mm，具体参数设置及模型效果如图 2-38 所示。

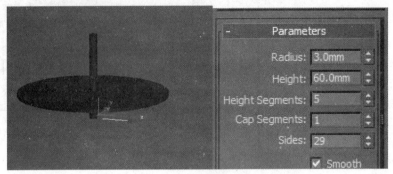

图 2-38　调整参数

（5）切换到前视图，在主工具栏中单击【对齐】按钮，单击最先创建的圆柱体，在弹出的对话框中设置对齐位置为【Y 位置】，"Current Object"【当前位置】为"Maximum"【最大】，"Target Object"【目标对象】为"Minimum"【最小】，具体参数设置如图 2-39 所示。

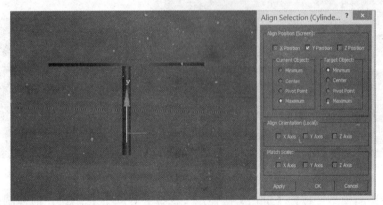

图 2-39　调整位置

（6）选择桌面模型，按住【Shift】键使用【选择并移动】工具在前视图中向下移动复制一个圆柱体，在弹出的"Clone Options"【克隆选项】对话框中设置对象为"Copy"【复制】，副本数为 2，效果如图 2-40 所示。

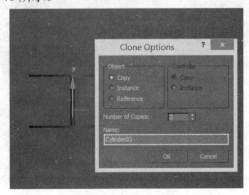

图 2-40　复制桌面

（7）选择中间的圆柱体，将【半径】修改为 15 mm，将下面的圆柱体的【半径】修改为 25 mm，具体参数设置如图 2-41 和图 2-42 所示。

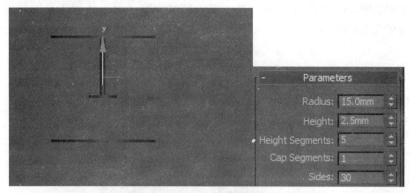

图 2-41　调整底座参数 1

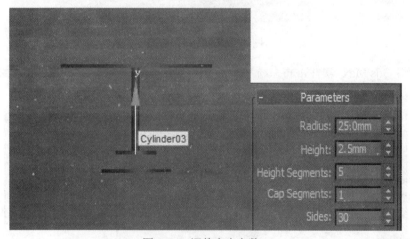

图 2-42　调整底座参数 2

（8）采用步骤（5）的方法用 工具在前视图中将圆柱体进行对齐，完成后的效果如图 2-43 所示。

图 2-43　茶几模型效果

2.1.4 使用 Mirror（镜像）工具制作简约书架

通过本案例的练习，熟练掌握长方体工具、移动复制工具、镜像工具的使用方法。
简约书架效果如图 2-44 所示。

图 2-44 简约书架效果

（1）打开 3ds Max 软件，将系统单位和显示单位统一为毫米，如图 2-45 所示。

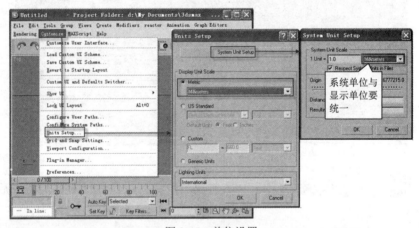

图 2-45 单位设置

（2）使用"Box"【长方体】工具在场景中创建一个长方体，在"Parameters"【参数】卷展栏中设置"Length"【长度】为 400 mm，"Width"【宽度】为 35 mm，"Height"【高度】为 10 mm，效果如图 2-46 所示。

图 2-46 参数设置

第 2 章 基本模型的创建

（3）继续使用"Box"【长方体】工具在场景中创建一个长方体，在"Parameters"【参数】卷展栏下设置"Length"【长度】为 35 mm，"Width"【宽度】为 200 mm，"Height"【高度】为 10 mm，使用【捕捉】按钮将其对齐，具体参数设置及模型位置如图 2-47 所示。

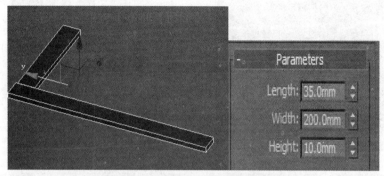

图 2-47　创建长方体调整位置

（4）使用【选择并移动】工具，选择步骤（2）创建的长方体，按住【Shift】键在顶视图向右移动复制长方体至如图 2-48 所示的位置，使用【捕捉】按钮将其对齐。

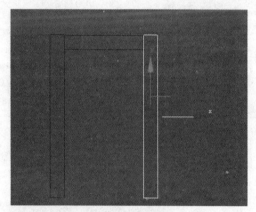

图 2-48　复制长方体调整位置

（5）使用"Box"【长方体】工具在场景中创建一个长方体，在"Parameters"【参数】卷展栏下设置"Lenght"【长度】为 160 mm，"Width"【宽度】为 10 mm，"Height"【高度】为 10 mm，具体参数设置及模型位置如图 2-49 所示，使用【捕捉】按钮将其对齐。

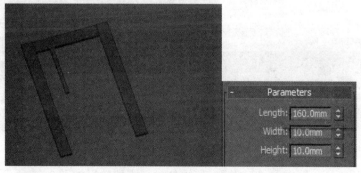

图 2-49　创建长方体调整位置

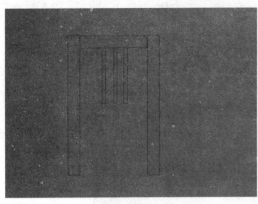

图 2-50 复制长方体调整位置

（6）使用【选择并移动】工具选择上一步创建的长方体，按【Shift】键在顶视图中向右移动复制两个长方体到如图 2-50 所示的位置。

（7）使用【选择并移动】工具选择步骤（3）创建的长方体，按【Shift】键在前视图中向下移动复制一个长方体到如图 2-51 所示的位置，使用【捕捉】按钮将其对齐。

（8）按【Ctrl】+【A】组合键全选场景中的模型，执行"Group"【组】菜单命令，接着在弹出的"Group"【组】对话框中单击"OK"【确定】按钮，如图 2-52 所示。

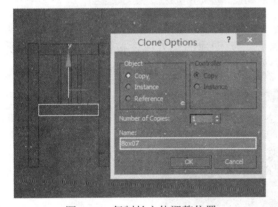

图 2-51 复制长方体调整位置

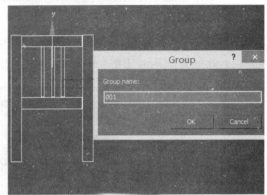

图 2-52 模型成组

（9）选择组 001，在【选择并旋转】工具上单击鼠标右键，在弹出的对话框中设置 X 的值为–55°，效果如图 2-53 所示。

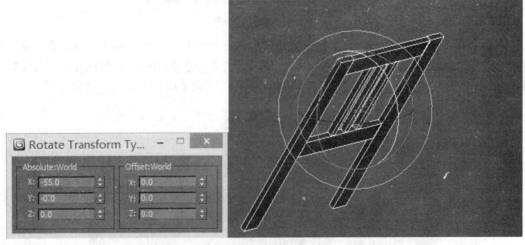

图 2-53 模型旋转

（10）选择组 001，单击【镜像】，具体参数、模型效果如图 2-54 所示。

第 2 章 基本模型的创建

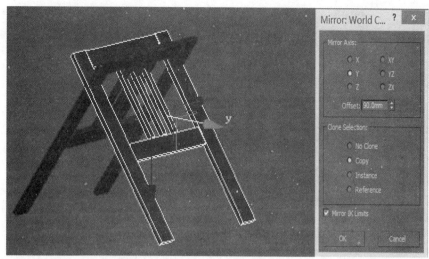

图 2-54　模型镜像

（11）简约书架最终效果如图 2-55 所示。

图 2-55　简约书架最终效果

2.2　Shapes（二维图形）建模

二维图形建模是通过绘制出二维样条线，然后通过加载相应的修改器将其转换为三维模型的过程。

2.2.1　使用 Line（线）制作卡通章鱼

通过案例的学习，熟练掌握二维样条线的操作，掌握点层级下的各种点的调整方法。章鱼主要是由头和脚两部分组成，将使用"Line"【线】配合修改器进行创建。

卡通章鱼效果如图 2-56 所示。

- 27 -

图 2-56　卡通章鱼效果

（1）打开 3ds Max 软件，将系统单位和显示单位统一为毫米，如图 2-57 所示。

图 2-57　单位设置

（2）制作主体模型。切换到前视图，在【创建】面板中单击，然后设置图形类型为"Splines"【样条线】，单击"Arc"【圆弧】按钮，绘制出章鱼头部如图 2-58 所示的样条线。

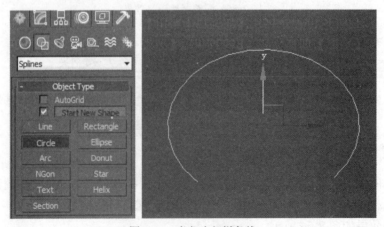

图 2-58　章鱼头部样条线

(3) 切换到【修改】面板，在"Rendering"【渲染】栏下勾选"Enable In Renderer"【在渲染中启用】和"Enable In Viewport"【在视口中启用】，设置"Radial"【径向】的"Thickness"【厚度】为1.8 mm，"Sides"【边】为14，在"Interpolation"【插值】栏下设置"Steps"【步数】为30，具体参数及效果如图2-59所示。

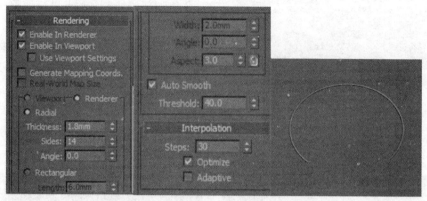

图2-59　渲染参数及样条线效果

(4) 在【创建】面板中单击"Circle"【圆】按钮，在前视图中绘制一个圆作为章鱼的眼睛，在参数栏下设置"Radius"【半径】为7.951 mm，图形位置如图2-60所示。

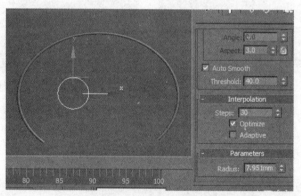

图2-60　章鱼眼睛

(5) 继续使用 【选择并移动】工具选择圆形，按【R】键使用 【选择并均匀缩放】工具，在前视图中沿y轴向下压扁，按住【Shift】键移动复制一个圆到如图2-61所示的位置。

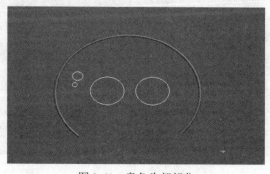

图2-61　章鱼头部部分

图 2-62　章鱼头部

（6）采用相同的方法使用"Circle"【圆】工具在前视图绘制出章鱼头部的其他部分，效果如图 2-62 所示。

（7）脚的绘制。使用"Line"【线】工具完成对章鱼脚部的绘制，对点进行调整，如图 2-63 所示。

（8）切换到【修改】面板，在"Rendering"【渲染】栏下勾选"Enable In Renderer"【在渲染中启用】和"Enable In Viewport"【在视口中启用】，设置"Radial"【径向】的"Thickness"【厚度】为 1.8 mm，"Sides"【边】为 14，在"Interpolation"【插值】栏下设置"Steps"【步数】为 30，最终效果如图 2-64 所示。

图 2-63　脚部样条线

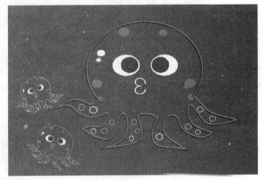

图 2-64　章鱼基本图

（9）头部和脚的部分看上去不和谐，选择头部、脚部两个部分"Attach"【附加】，将"Rendering"【渲染】栏下勾掉"Enable In Renderer"【在渲染中启用】和"Enable In Viewport"【在视口中启用】，如图 2-65 所示。

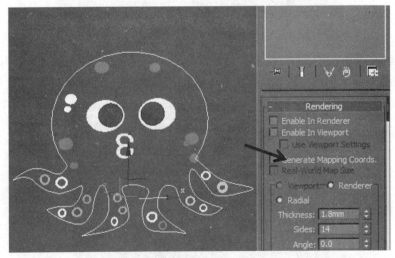

图 2-65　参数设置

（10）选择"顶点"…级别，选中要焊接的两个点，在展栏下找到"Weld"【焊接】工具，效果如图 2-66 所示。

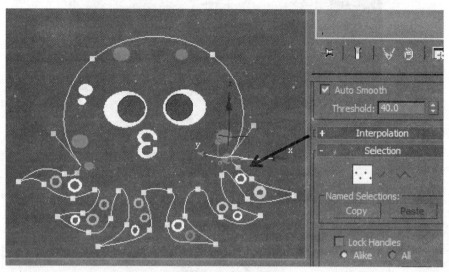

图 2-66　点与点调整

（11）再将"Rendering"【渲染】栏下勾选"Enable In Renderer"【在渲染中启用】和"Enable In Viewport"【在视口中启用】，如图 2-67 所示。

图 2-67　卡通章鱼最终效果

2.2.2　使用 Splines（样条线）制作台历

通过案例的学习，熟练掌握渲染二维样条线的方法，掌握挤出工具的使用方法。台历主要由框架和纸张两部分组成，将使用"Splines"【样条线】配合修改器进行创建。

台历效果如图 2-68 所示。

图 2-68　台历效果

（1）打开 3ds Max 软件，将系统单位和显示单位统一为毫米，如图 2-69 所示。

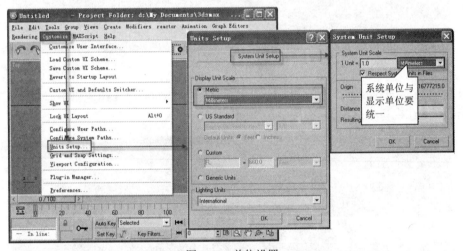

图 2-69　单位设置

（2）制作主体模型。切换到左视图，在【创建】面板中单击图形按钮，设置图形类型为"Splines"【样条线】，单击"Line"【线】按钮 Line ，绘制出如图 2-70 所示的样条线。

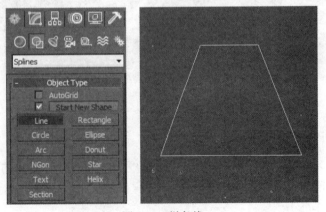

图 2-70　样条线

（3）切换到面板，在选择展栏下单击【样条线】按钮，进入样条线级别，选择整条样条线，如图2-71所示。

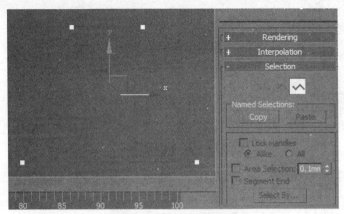

图2-71 样条线子级别

（4）展开几何体展栏，在选择展栏下单击 Outline 【轮廓】按钮或按【Enter】键进行廓边操作，如图2-72所示。

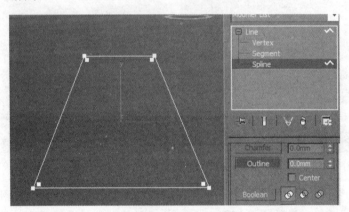

图2-72 廓边

（5）创建纸张模型。继续使用"Line"【线】工具，在左视图中绘制一些独立的样条线，如图2-73所示。

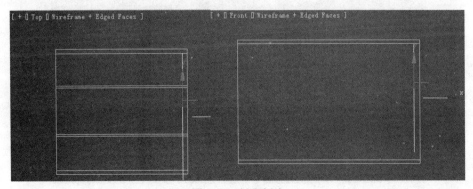

图2-73 纸张创建

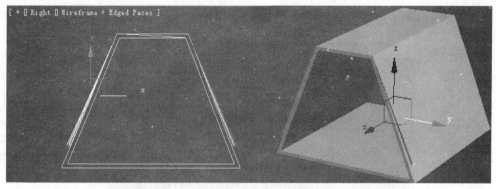

图 2-73　纸张创建图（续）

（6）为每条样条线廓边 0.2 mm，为每条线加载"Extrude"【挤出】修改器，在参数栏下设置数量为 90 mm，效果如图 2-74 所示。

（7）制作圆扣模型。在【创建】面板中单击 Circle【圆】按钮，在左视图中绘制一个圆形，在参数栏下设置半径为 5 mm，图形位置如图 2-75 所示。

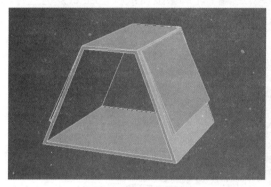

图 2-74　纸张成型

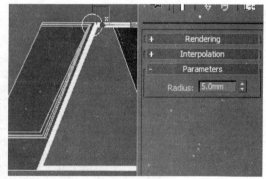

图 2-75　创建圆环

（8）选择圆形，切换到【修改】面板，在渲染栏下勾选【在渲染中启用】和【在视口中启用】选项，设置【径向】的【厚度】为 0.5 mm，具体参数设置及模型效果如图 2-76 所示。

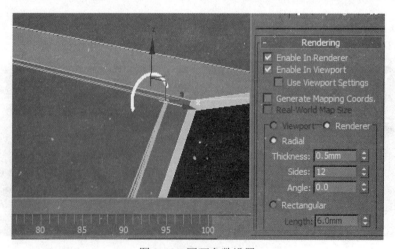

图 2-76　圆环参数设置

（9）使用【选择并移动】工具在前视图中移动一些圆扣，如图 2-77 所示，最终效果如图 2-78 所示。

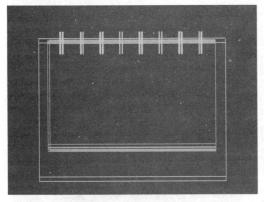

图 2-77　圆环创建完成

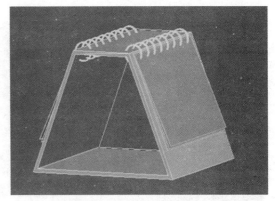

图 2-78　台历最终效果

2.3　Compound Objects（复合对象）建模

复合对象建模是一种特殊的建模方法，可以将两种或两种以上的模型对象合并成形状较为复杂或不规则的一个对象。本节主要是通过复合对象建模来创建不规则的模型。

2.3.1　使用 ProBoolean（超级布尔运算）制作骰子

本小节主要讲使用超级布尔运算来制作骰子，使用两个不同的模型用布尔运算来创建一个新的模型，效果如图 2-79 所示。

（1）打开 3ds Max 软件，将系统单位和显示单位统一为毫米，如图 2-80 所示。

图 2-79　骰子效果

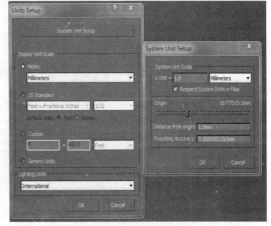

图 2-80　单位设置

（2）设置几何类型为"Extended Primitives"，使用"ChamferBox"【切角长方体】工具在场景中创建一个切角长方体，在参数下面设置【长度】为 80 mm、【宽度】为 80 mm、【高度】为 80 mm、【圆角】为 3 mm、【圆角分段】为 3，具体参数和模型效果如图 2-81 所示。

（3）使用【球体】工具在场景中创建一个球体，在【参数】下设置【半径】为 8 mm，按照每个面的点数复制一些球体并分别摆放在切角长方体的 6 个面上，如图 2-82 所示。

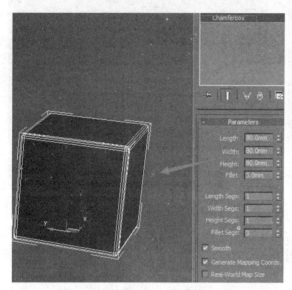
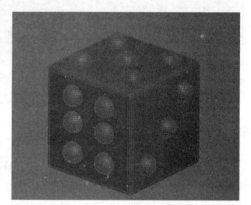

图 2-81　切角长方体具体参数设置　　　　　　图 2-82　均匀摆放小球

（4）选中所有创建的小球，打组成为一个整体，如图 2-83 所示。

图 2-83　所有小球打组

（5）选择切角长方体，设置几何类型为"Compound Objects"【复合对象】，单击"ProBoolean"【超级布尔运算】按钮，在"Start Picking"【开始拾取】下面设置运算为"Subtraction"【相减】，再单击"Start Picking"【开始拾取】按钮，在视图中拾取刚才打组球体，如图 2-84 所示。

第 2 章 基本模型的创建

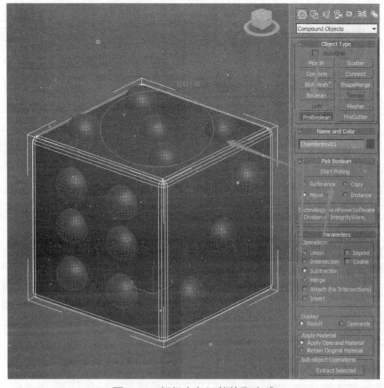

图 2-84 超级布尔运算拾取小球

（6）具体效果如图 2-85 所示。

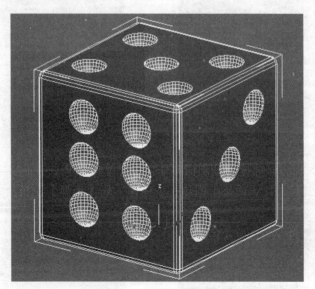

图 2-85 拾取结束效果

2.3.2 使用 Lathe（车削）修改器制作餐具

本节主要介绍使用车削工具制造餐具的方法，具体效果如图 2-86 所示。

图 2-86 餐具效果

1. 车削工具制造高脚杯

（1）打开 3ds Max 软件，在【创建】面板上面选择图形按钮并选择 "Line"【线】工具，在前视图中绘制出如图 2-87 所示的样条线。

（2）选择线段的【点】级别转换为 "bezier" 点并适当调整线条，如图 2-88 所示。

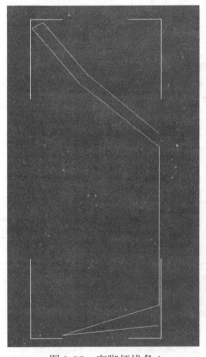 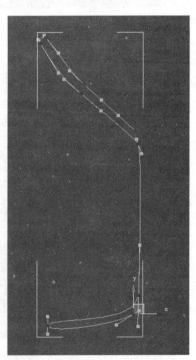

图 2-87　高脚杯线条 1　　　　　　图 2-88　高脚杯线条 2

（3）为样条线添加一个 "Lathe"【车削】修改器，在参数下面调整 "Segments"【分段】为 40，设置方向为 y 轴，对齐方式为 "Max"【最大】，具体参数及模型效果如图 2-89 所示。

第 2 章 基本模型的创建

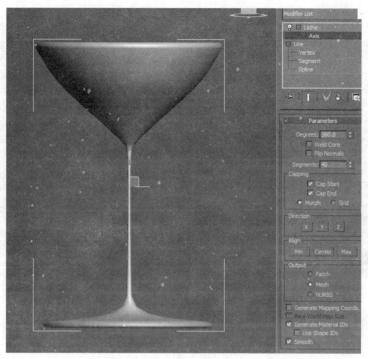

图 2-89 高脚杯模型效果及参数

2. 车削工具制作盘子

（1）在【创建】面板上面选择图形按钮，并选择"Line"【线】工具在前视图绘制出盘子切面线条，转化为"bezier"点，调整至合适位置，如图 2-90 所示。

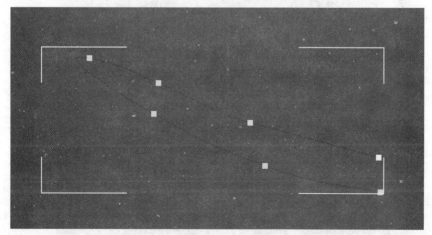

图 2-90 盘子切面线条

（2）为样条线添加一个"Lathe"【车削】修改器，在参数下面调整"Segments"【分段】为 40，设置方向为 y 轴，对齐方式为"Max"【最大】，具体参数及模型效果如图 2-91 所示。

3. 车削工具制作杯子

（1）在创建面板上面选择图形按钮，并选择"Line"【线】工具在前视图绘制出杯子切面线条，转化为"bezier"点，调整至合适位置，如图 2-92 所示。

三维建模技术 3ds Max 项目化教程

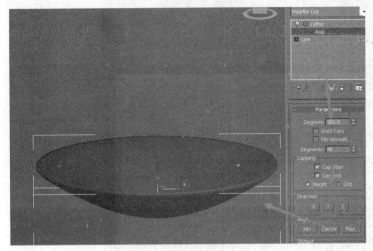

图 2-91　盘子模型及参数　　　　　　　　　　　图 2-92　杯子切面线条

（2）为样条线添加一个"Lathe"【车削】修改器，在参数下面调整"Segments"【分段】为 40，设置方向为 y 轴，对齐方式为"Max"【最大】，具体参数及模型效果如图 2-93 所示。

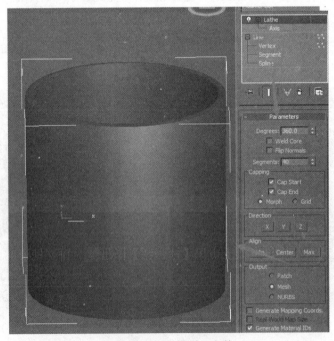

图 2-93　杯子模型及参数

2.3.3　使用 Loft（放样）工具制作窗帘

本小节主要介绍使用放样工具制作窗帘的方法，具体效果如图 2-94 所示。

- 40 -

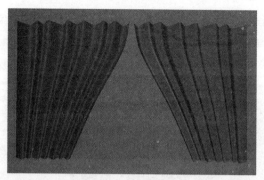

图 2-94　窗帘效果

（1）打开 3ds Max 软件，在【创建】面板上面选择图形按钮，并选择 "Line"【线】工具在顶视图上面创建一个多边形，效果如图 2-95 所示。

图 2-95　样条线

（2）把线条转换为可编辑线条，然后选择点级别使用 "Smooth"【平滑】，具体效果如图 2-96 所示。

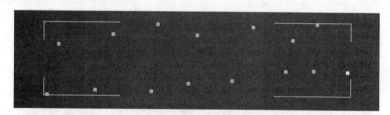

图 2-96　调整后样条线

（3）在【图形】面板中单击 "Line"【线】工具，在前视图中绘制一条样条线作为放样路径，如图 2-97 所示。

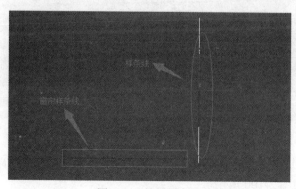

图 2-97　放样样条线

（4）选择多边形，设置几何类型为"Compound Objects"【复合对象】，单击"Loft"【放样】按钮，在"Creation Method"【创建方法】展栏下单击"Get Path"【获取路径】按钮，拾取之前绘制的样条线，效果如图 2-98 所示。

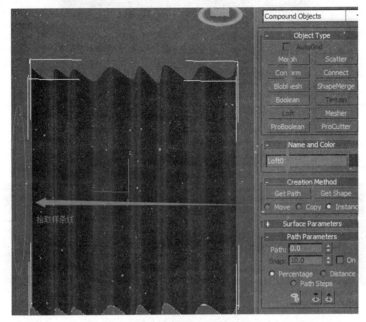

图 2-98　拾取后的窗帘

（5）选择窗帘"Loft"【放样】下面的线段级别，选取窗帘底部线条，按住 x 轴拖离，如图 2-99 所示。

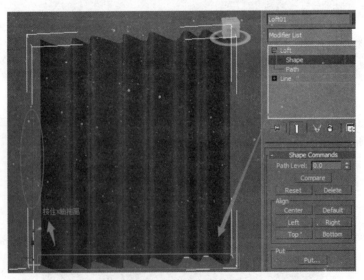

图 2-99　单边窗帘效果

（6）回到放样，进入【修改】面板，在"Deformations"【变形】展栏下面打开"Scale"【缩放】按钮，调节如图 2-100 所示。

第 2 章 基本模型的创建

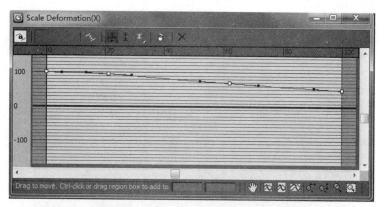

图 2-100　缩放参数

（7）放样效果如图 2-101 所示。

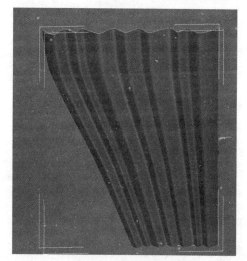

图 2-101　窗帘模型效果

（8）选择窗帘，使用【镜像】工具变为两个对称窗帘，如图 2-102 所示。

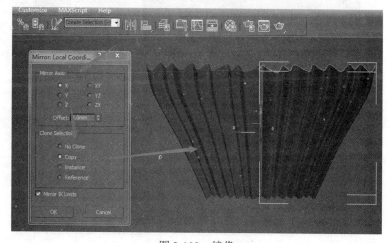

图 2-102　镜像

- 43 -

（9）将另一个窗帘移动到合适位置，如图 2-103 所示。

图 2-103　窗帘模型效果图

2.4　常用 Modify（修改器）建模

【修改】面板是 3ds Max 重要的组成部分，而修改器则是【修改】面板的灵魂。所谓修改器就是可以对模型进行编辑，改变其几何开关及属性的命令。

修改器对于创建一些特殊形状的模型具有强大的优势，因此在使用多边形建模等建模方法很难达到模型要求时，可以采用修改器进行制作。本节主要通过创建生活中常见的案例来掌握常用修改器的使用方法。

2.4.1　使用 Bevel Profile（倒角剖面）制作相框

通过本案例的学习，掌握【倒角剖面】修改器的使用方法。

相框效果如图 2-104 所示。

图 2-104　相框效果

（1）打开 3ds Max，将系统单位和显示单位统一为毫米，如图 2-105 所示。

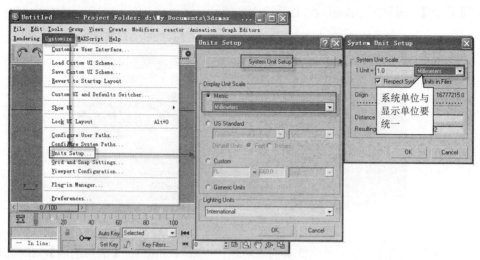

图 2-105　单位设置

（2）使用"Rectangle"【矩形】工具在前视图绘制一个矩形，在参数栏下设置"Length"【长度】为 260 mm，"Width"【宽度】为 240 mm，如图 2-106 所示。

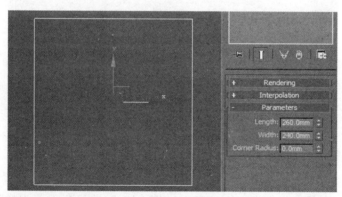

图 2-106　矩形

（3）单击【修改】面板，使用"Line"【线】工具，在顶视图创建图形，如图 2-107 所示。

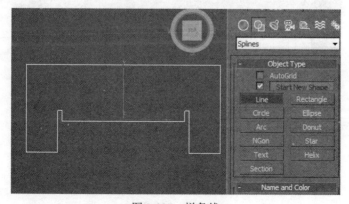

图 2-107　样条线

(4)切换到【修改】面板,选择"顶点"级别,单击鼠标右键,从弹出的列表中选"Bezier Corner"【角点】,调整图形的形状,如图 2-108 所示。

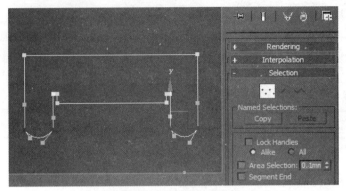

图 2-108　样条线调整

(5)在场景中选择矩形,在修改器列表中选择"Bevel Profile"【倒角剖面】,在修改器展栏中选择"Pick Proile"【拾取剖面】工具,在场景中单击拾取剖面图形,如图 2-109 所示。

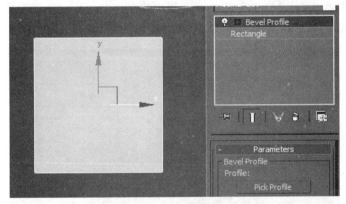

图 2-109　添加倒角剖面

(6)在场景中将图形定义为"Profile Gizmo"【剖面】,在场景中框选模型,并使用【选择并旋转】工具,如图 2-110 所示。

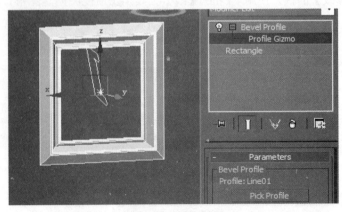

图 2-110　倒角剖面

(7) 相框中间空余部分，使用"Plane"【面片】创建，最终如图 2-111 所示。

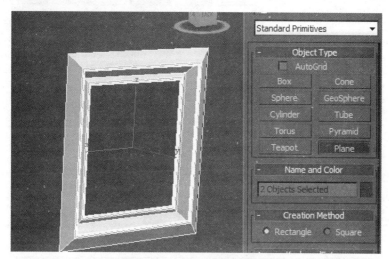

图 2-111　相框模型效果

2.4.2　使用 Extrude（挤出）修改器制作吊灯

花朵吊灯主要是由外面的花朵和里面的填充物两部分组成，使用样条和【挤出】工具来实现，通过案例的练习，掌握【挤出】工具的使用方法。

花朵吊灯效果如图 2-112 所示。

图 2-112　花朵吊灯效果

（1）打开 3ds Max 软件，将系统单位和显示单位统一为毫米，如图 2-113 所示。

（2）使用 Star "Star"工具在顶视图中绘制一个星形，在【参数】栏下设置【半径1】为 70 mm，【半径2】为 60 mm，【点】为 12，【圆角半径1】为 10 mm，【圆角半径2】为 6 mm，具体参数设置及星形效果如图 2-114 所示。

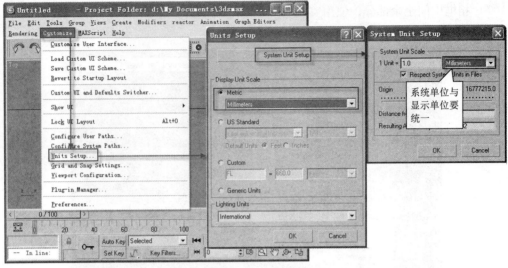

图 2-113 单位设置

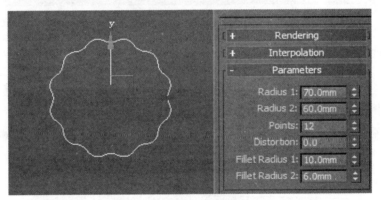

图 2-114 星形

（3）选择【星形】，在"【渲染】栏下勾选【在渲染中启用】和【在视口中启用】选项，设置【径向】的【厚度】为 2.5 mm，具体参数如图 2-115 所示。

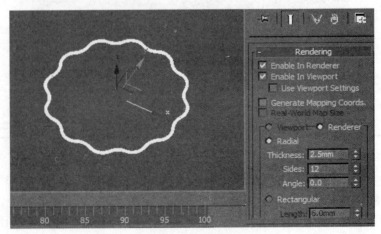

图 2-115 渲染星形

(4)切换到前视图,按住【Shift】键使用【选择并移动】工具向下复制一个星形,如图 2-116 所示。

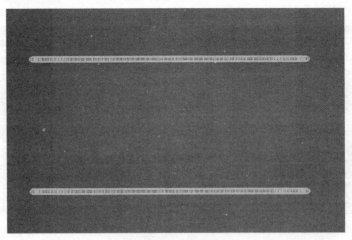

图 2-116 复制星形

(5)继续复制一个星形到两个星形的中间,在【渲染】栏下勾选【矩形】选项,设置【长度】为 60 mm,【宽度】为 0.5 mm,模型效果如图 2-117 所示。

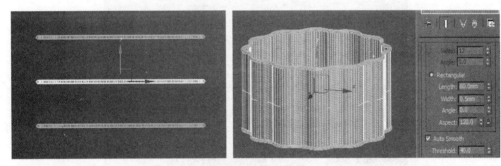

图 2-117 模型效果

(6)使用"Line"【线】工具,在前视图中绘制一条样条线,在【渲染】栏下勾选【在渲染中启用】和【在时口中启用】选项,设置【径向】的【厚度】为 1.2 mm,如图 2-118 所示。

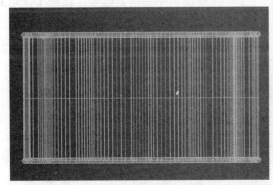 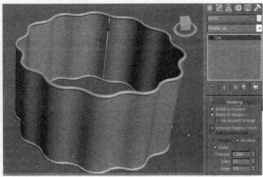

图 2-118 渲染星形

（7）使用【仅影响轴】和【选择并旋转】工具复制一圈样条线，完成后如图 2-119 所示。

（8）将前面创建的星形复制一个到如图 2-120 所示的位置（关闭【在渲染中启用】和【在视口中启用】选项）。

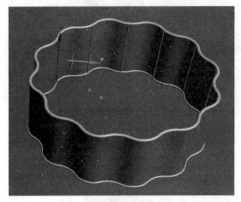
图 2-119　样条线

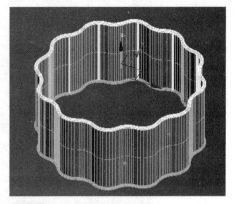
图 2-120　星形

（9）为星形加载一个【挤出】修改器，在【参数】栏下设置【数量】为 1 mm，具体参数如图 2-121 所示。

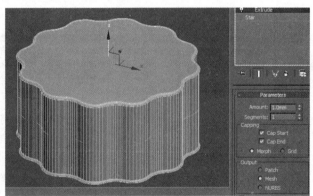
图 2-121　挤出修改器

（10）使用"Ngon"工具，在顶视图中绘制一个六边形，在【参数】展栏下设置【半径】为 50 mm，在【渲染】展栏下勾选【在渲染中启用】和【在视口中启用】选项，设置【径向】的【厚度】为 1.8 mm，如图 2-122 所示。

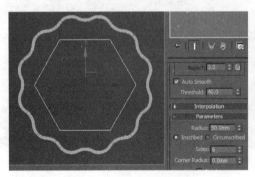 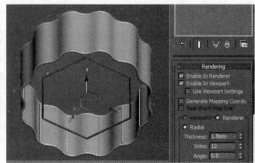
图 2-122　六边形

（11）选择上一步绘制的六边形，在相同位置复制一个六边形，关掉渲染，加载一个【挤出】修改器，【数量】为 1 mm，如图 2-123 所示。

（12）选择没有挤出的六边形，在原始位置复制一个六边形，在渲染栏下勾选【矩形】，最终效果如图 2-124 所示。

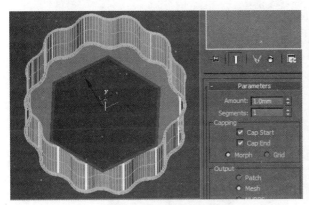

图 2-123　挤出修改器

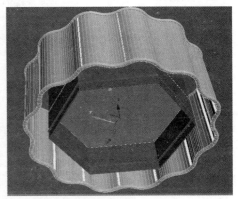

图 2-124　花朵吊灯模型效果

2.4.3　使用 FFD（自由变形）修改器制作休闲椅

通过本案例的练习，能熟练掌握"FFD"【自由变形】修改器的使用方法。

休闲椅主要是由柔软的坐垫和木质扶手组成，主要通过"FFD"【自由变形】命令和【扩展几何体】来创建坐垫、木质扶手，完成后的效果如图 2-125 所示。

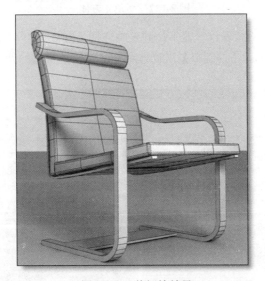

图 2-125　休闲椅效果

（1）打开 3ds Max 软件，将系统单位和显示单位统一为毫米，如图 2-126 所示。

（2）首先来制作坐垫和靠垫。执行"Create"【创建】|"Geometry"【几何体】|"Extended Primitives"【扩展几何体】|"ChamferBox"【切角立方体】命令，在前视图中创建"ChamferBox 01"对象作为椅子的坐垫，如图 2-127 所示。

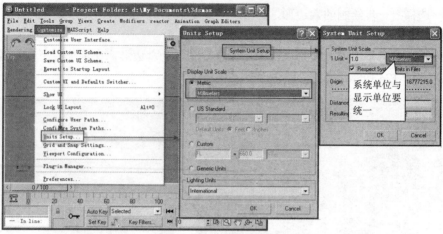

图 2-126 单位设置

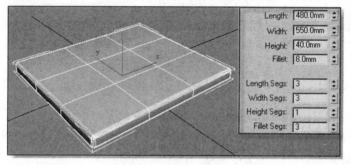

图 2-127 切角立方体

（3）进入【修改】面板，在修改器下拉列表中选择"FFD 4×4×4"【自由变形】修改器，进入修改器的"Control Points"【控制点】次物体级别，对椅子坐垫的外形进行调节，如图 2-128 所示。

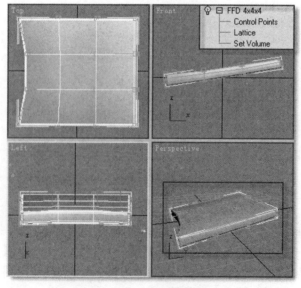

图 2-128 "FFD"【自由变形】修改器

(4) 使用与坐垫相同的方法创建椅子的靠背, 如图 2-129 所示。

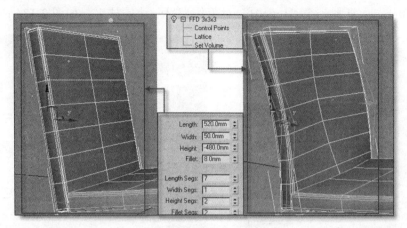

图 2-129 椅子的靠背

(5) 创建头部靠垫。执行"Create"【创建】| "Geometry"【几何体】| "Extended Primitives"【扩展几何体】| "Spindle"【纺锤体】命令, 在前视图中创建"Spindle 01"对象作为头部靠垫, 并调节其参数和位置, 如图 2-130 所示。

(6) 创建椅子的木结构。在【命令】面板中, 执行"Creat"【创建】| "Shapes"【图形】| "Line"【线】命令, 在前视图中绘制一段类似椅子扶手轮廓的线条, 如图 2-131 所示。

(7) 进入样条线的【顶点】次物体级别, 调节各个顶点的类型和位置, 对转角处的顶点可执行"Fillet"【圆角】命令, 如图 2-132 所示。

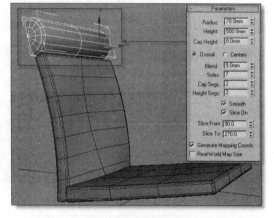

图 2-130 头部靠垫

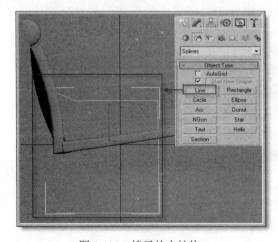

图 2-131 椅子的木结构

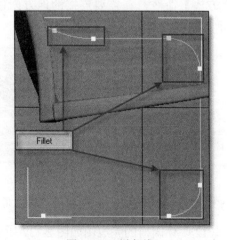

图 2-132 样条线

(8) 选择所有线段, 执行"Outline"【轮廓】命令, 设置数值为 20 mm, 如图 2-133 所示。

（9）选择"Line01"对象，在修改器下拉列表中选择"Extrude"【挤出】，设置"Amount"【数量】为 40 mm，复制一个"Line01"对象作为另一边的扶手，如图 2-134 所示。

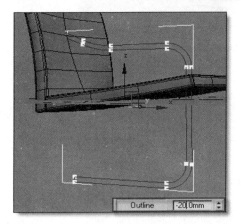

图 2-133　轮廓设置

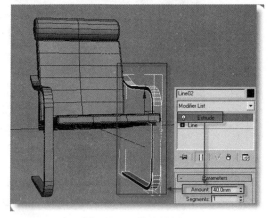

图 2-134　挤出设置

（10）使用相同的方法创建出靠垫的固定木结构，如图 2-135 所示。

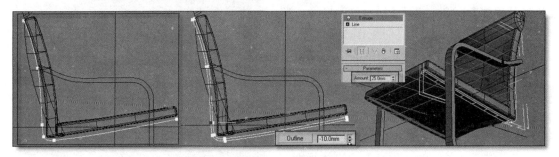

图 2-135　靠垫木结构

（11）创建木结构的连接部分。执行"Create"【创建】|"Geometry"【几何体】|"Box"【立方体】命令，在需要连接的地方创建立方体，并调节各个立方体的参数，如图 2-136 所示。

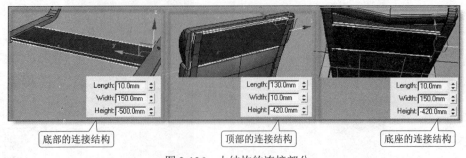

图 2-136　木结构的连接部分

（12）休闲椅的完成图如图 2-137 所示。

第 2 章　基本模型的创建

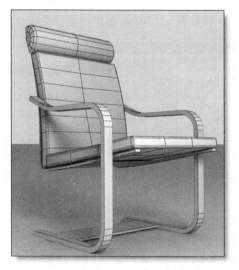

图 2-137　休闲椅模型效果

2.5　Poly（多边形）建模

多边形建模方法是最常用的建模方法，可编辑多边形对象包括"Vertex"（顶点）、"Edge"（边）、"Border"（边界）、"Polygon"（多边形）和"Element"（元素）5 个层级，其中每个层级都有很多可以使用的工具，这就为创建复杂模型提供了很大的发挥空间。

本节主要通过创建一些日常生活中常用的模型来讲解多边形建模常用的工具和方法。

2.5.1　电脑桌模型

通过本案例的学习，熟练掌握多边形建模的"Connect"【连线】、"Chamfer"【切线】、"Extrude"【挤出】等工具的使用方法，电脑桌的效果如图 2-138 所示。

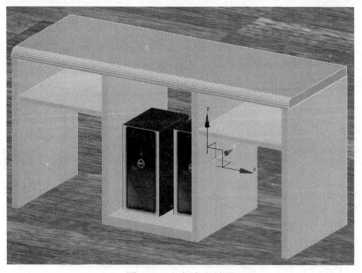

图 2-138　电脑桌效果

（1）打开 3ds Max 软件，将系统单位和显示单位统一为毫米，如图 2-139 所示。

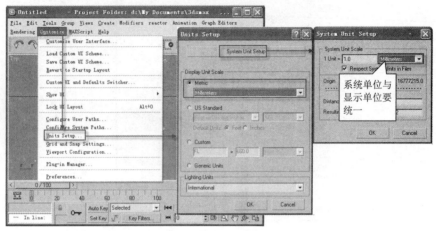

图 2-139　单位设置

（2）首先制作电脑桌的桌面，在【标准基本体】面板中选择"Box"【长方体】，在场景中创建一个长方体，在【修改】面板下设置长度、宽度、高度，具体参数设置如图 2-140 所示。

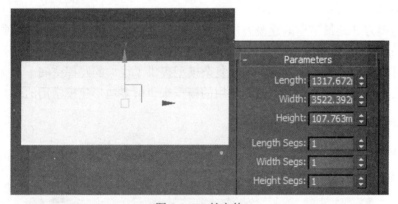

图 2-140　长方体

（3）在绘制好的几何体上单击鼠标右键，选择"Convert To"|"Convert to Editable Poly"选项以将几何体转换成多边形物体，如图 2-141 所示。

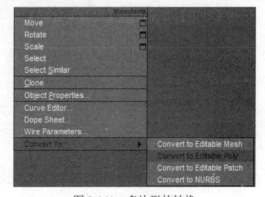

图 2-141　多边形的转换

第 2 章 基本模型的创建

（4）切换到 B（底部视图），打开多边形的 ■【边】次物体级别，选中如图所示的线，单击鼠标右键，应用"Connect"【连线】命令，具体参数如图 2-142 所示。

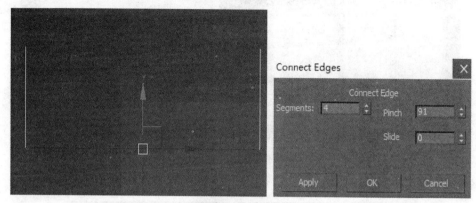

图 2-142　连线

（5）选择步骤（4）所连接出的线，应用"Chamfer"【切角】命令，如图 2-143 所示。

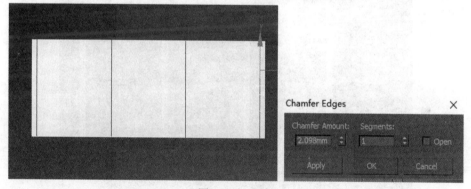

图 2-143　切角

（6）切换到多边形的 ■【面】次物体级别，选中面，应用"Extrude"【挤出】工具，具体设置如图 2-144 所示。

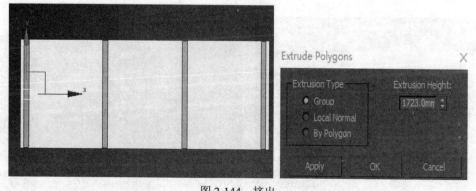

图 2-144　挤出

（7）选中线，应用"Connect"【连线】命令，具体参数如图 2-145 所示。

- 57 -

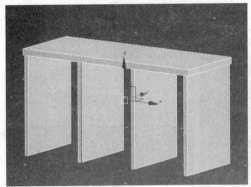
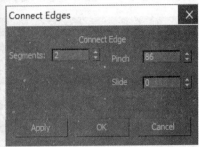

图 2-145　连线 1

（8）如同步骤（7）的方法一样，把右面的线也连接出来，如图 2-146 所示。

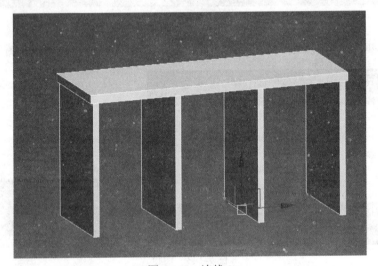

图 2-146　连线 2

（9）切换到多边形的▇面次物体级别，选择面，应用"Bridge"【桥接】命令，如图 2-147 所示。

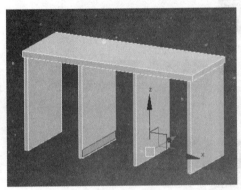
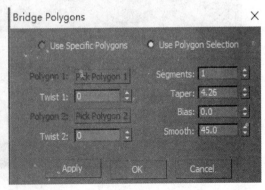

图 2-147　桥接

（10）选中两条线，应用"Connect"【连线】命令，具体参数如图 2-148 所示。

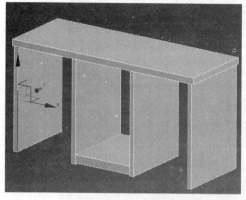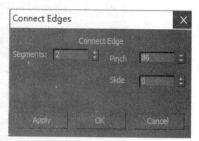

图 2-148　连线 1

（11）如同步骤（10）的方法一样，把右面的线也连接出来，如图 2-149 所示。

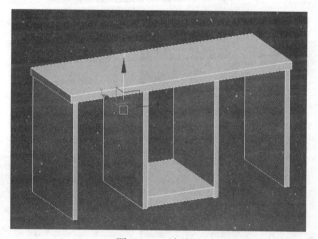

图 2-149　连线 2

（12）按快捷键【F3】使模型透明，切换到多边形的 ■面次物体级别，选择面，应用"Bridge"【桥接】命令，如图 2-150 所示。

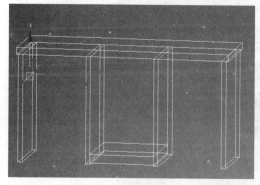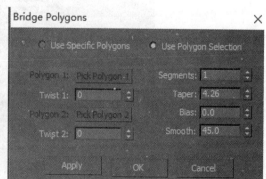

图 2-150　桥接

（13）参照步骤（10）～（12），把电脑桌右面对称的面桥接出来，切换到多边形的 ■【线】次物体级别，选中如图 2-151 所示的线。

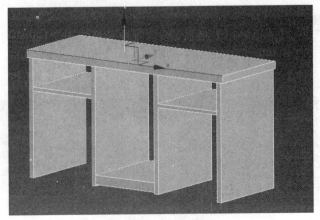

图 2-151　面的桥接

（14）应用"Chamfer"【切角】命令，做出电脑桌面的弧度，具体参数设置如图 2-152 所示。

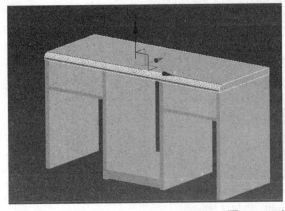
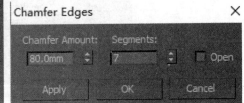

图 2-152　切角

（15）电脑桌的完成效果如图 2-153 所示。

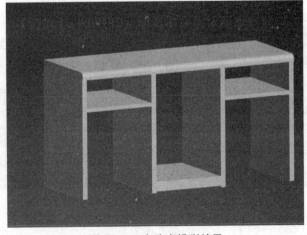

图 2-153　电脑桌模型效果

第 2 章　基本模型的创建

2.5.2　床头柜模型

通过本案例的学习，熟练掌握多边形建模的"Chamfer"【切线】、"Extrude"【挤出】等工具的使用方法，床头柜效果如图 2-154 所示。

图 2-154　床头柜效果

（1）打开 3ds Max 软件，将系统单位和显示单位统一设置为毫米，如图 2-155 所示。

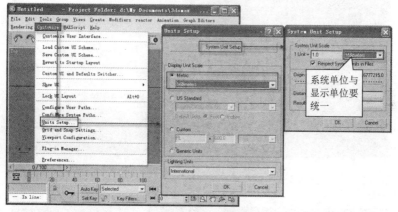

图 2-155　单位设置

（2）使用【长方体】工具在前视图中创建一个长方体，"Length"【长度】设置为 140 mm，"Width"【宽】设置为 240 mm，"Height"【高】设置为 120 mm，"Length Segs"【长度分段】为设置 4，"Width Segs"【宽度分段】设置为 3，具体参数如图 2-156 所示。

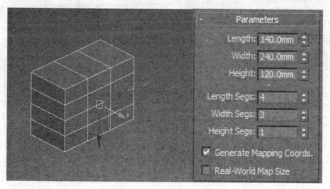

图 2-156　参数设置

- 61 -

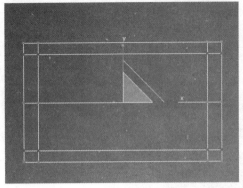

（3）在【多边形建模】面板中单击■【顶点】按钮，进入【顶点】级别，选择【选择并缩放】工具调节点，效果如图 2-157 所示。

（4）在【多边形建模】面板中单击■【多边形】按钮，进入【多边形】级别，在【多边形】面板中单击"Extrude"【挤出】按钮，设置"Length"【高度】为-120 mm，效果如图 2-158 所示。

（5）选择模型，按【Alt】+【X】组合键将模型以半透明的方式显示出来，在【多边形建模】面板中单击■【边】按钮，进入【边】级别，如图 2-159 所示。

图 2-157　调点效果

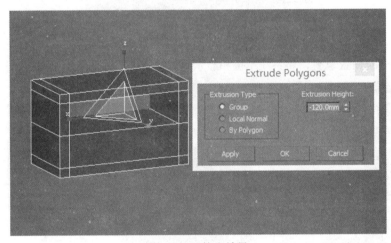

图 2-158　挤出效果

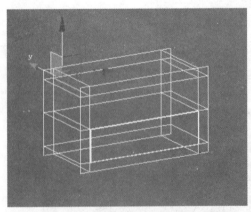

图 2-159　线级别设置

（6）保持对边的选择，在■【边】面板中单击"Chamfer"【切角】按钮下面■【切角设置】按钮，设置"Chamfer Amount"【边切角量】为 8 mm，"Segments"【连接边分段】为 4，效果如图 2-160 所示。

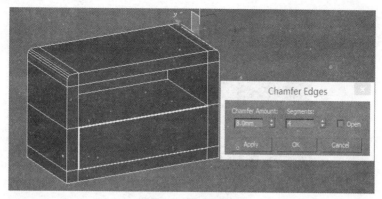

图 2-160 切角效果图

（7）进入【多边形】级别，在【多边形】面板中单击"Extrude"【挤出】按钮下面的【挤出设置】按钮，设置"Length"【高度】为 2 mm，如图 2-161 所示。

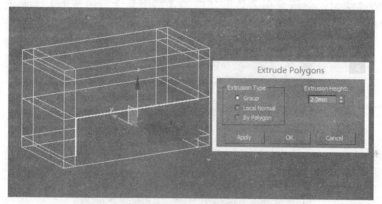

图 2-161 抽屉挤出效果

（8）进入 【边】级别，在边面板中单击"Chamfer"【切角】按钮下面的 【切角设置】按钮，设置"Chamfer Amount"【切角变量】为 0.5 mm，"Segments"【连接边分段】为 1，效果如图 2-162 所示。

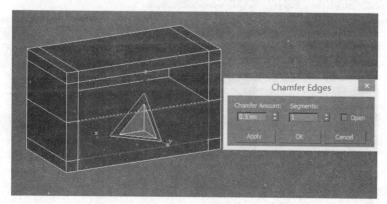

图 2-162 切角效果

（9）床头柜模型最终效果如图 2-163 所示。

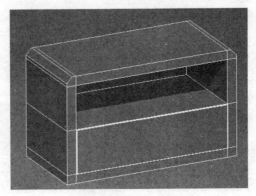

图 2-163　床头柜效果

2.5.3　手电筒模型

通过本案例的练习，熟练掌握多边形建模的【挤出】、【自由变形】工具的使用方法，手电筒的效果如图 2-164 所示。

图 2-164　手电筒效果

（1）打开 3ds Max 软件，将系统单位和显示单位统一为毫米，如图 2-165 所示。

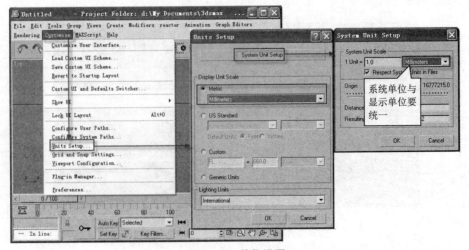

图 2-165　单位设置

(2) 在【标准基本体】面板中选择 "Cylinder"【圆柱体】,在场景中创建一个圆柱体,在【修改】面板下设置其半径、高度如图2-166所示。

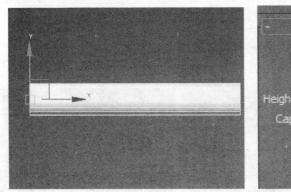
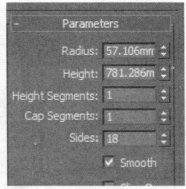

图2-166 参数设置

(3) 单击鼠标右键选择 "Convert To" | "Convert to Editable Poly" 选项将圆柱体转换成可编辑多边形物体,如图2-167所示。

(4) 切换到多边形的■线次物体级别,选择如图2-168所示的线。

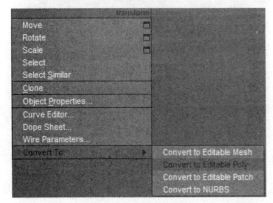
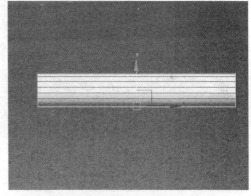

图2-167 转多边形　　　　　　　　　图2-168 线段层级

(5) 单击鼠标右键,选择 "Connect"【连线】命令,连接两条线,如图2-169所示。

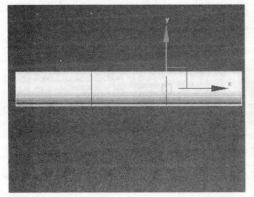
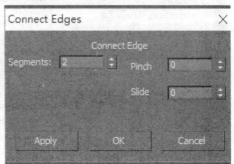

图2-169 参数设置

（6）切换到多边形的■面次物体级别，选择面，选择"Detach"【分离】命令进行手电筒筒头的分离，命名为"tou"，如图 2-170 所示。

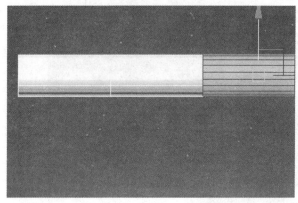
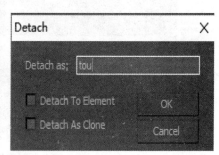

图 2-170 分离手电筒筒头

（7）切换到多边形的■线次物体级别，选择线，选择"Chamfer"【切角】命令，如图 2-171 所示。

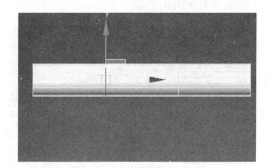
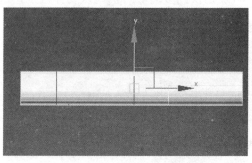

图 2-171 切角

（8）切换到多边形的■面次物体级别，选择面，选择"Extrude"【挤出】命令，挤出类型选择第三种，以多边形的形式各自独立挤出，如图 2-172 所示。

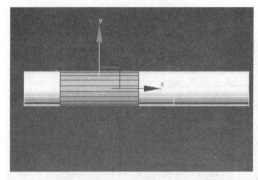
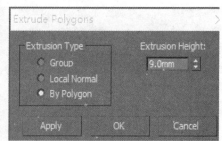

图 2-172 挤出

（9）切换到多边形的■线次物体级别，选择如图 2-173 所示的线，选择"Connect"【连线】命令。

(10)选中切角工具,切出 4 条线段如图 2-173 所示,选中手电筒的筒头,在【修改】面板中添加"FFD(cyl)"(自由变形工具),切换到【点】级别。

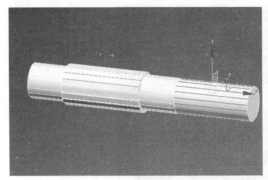
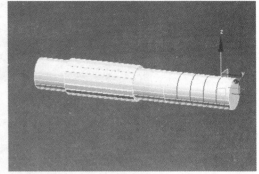

图 2-173　手电筒手柄

(11)选择右边的 3 圈的点,选择 【自由缩放】工具,沿着 y、z 轴进行缩放,如图 2-174 所示。

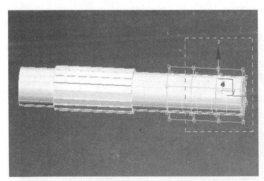
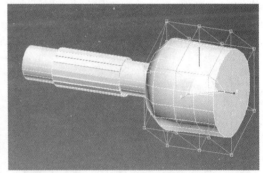

图 2-174　缩放效果

(12)同步骤(11)中选择右边的 2 圈的点,继续用缩放工具进行放大,或切换到 L(左)视图,进行放大,如图 2-175 所示。

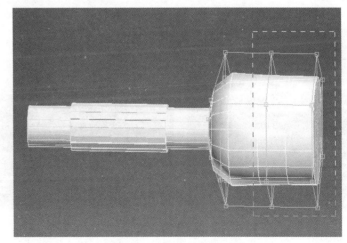

图 2-175　手电筒筒头缩放

（13）切换到多边形的█线次物体级别，选择如图 2-176 所示的线，选择"Connect"【连线】命令，添加 1 条线段。

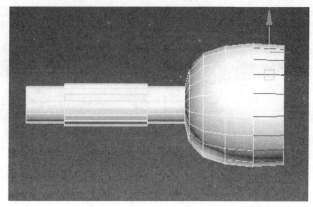

图 2-176　连接

（14）切换到多边形的█面次物体级别，选择右边的面，选择挤出命令，选择第二种以法线的方式挤出 10 mm，完成的效果如图 2-177 所示。

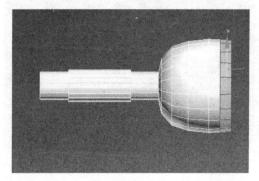 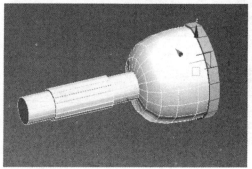

图 2-177　挤出效果

（15）制作手电筒的玻璃部分，选择如图 2-178 所示的面，挤出–14 mm，效果如图 2-178 所示。

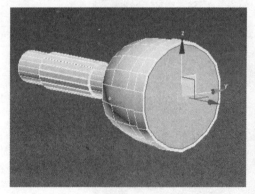 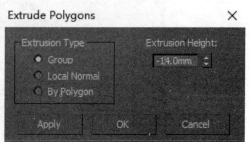

图 2-178　玻璃部分效果

（16）手电筒模型完成的效果如图 2-179 所示。

第 2 章　基本模型的创建

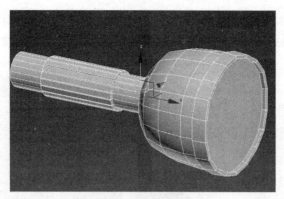

图 2-179　手电筒模型效果

2.5.4　台灯模型

本案例通过多边形建模方法实现台灯模型的创建，效果如图 2-180 所示。

图 2-180　台灯效果

（1）打开 3ds Max 软件，将系统单位和显示单位统一为毫米，如图 2-181 所示。

图 2-181　单位设置

（2）在【扩展基本体】面板中，选择"ChamferCyl"【切角圆柱体】，在场景中创建一个切角圆柱体，半径为 23 mm，高为 50 mm，圆角为 4 mm，效果如图 2-182 所示。

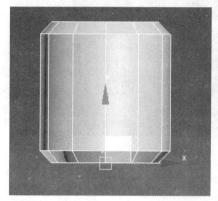
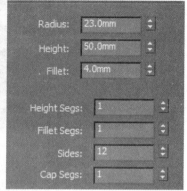

图 2-182　切角圆柱体

（3）在几何体上单击鼠标右键，选择"Convert To"|"Convert to Editable Poly"选项以将几何体转换成可编辑多边形，如图 2-183 所示。

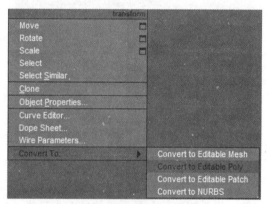

图 2-183　转换为可编辑多边形

（4）切换到多边形的 ▦ 【面】次物体级别，选中面，选择【自由缩放】工具，进行放大，如图 2-184 所示。

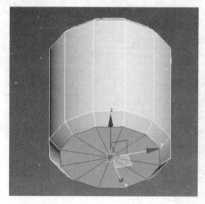
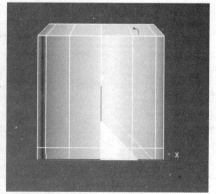

图 2-184　缩放

(5) 选择底部的面,应用"Bevel"【倒角】命令,分别设置扩边和高度,具体参数如图 2-185 所示。

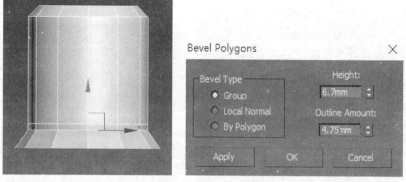

图 2-185　倒角

(6) 再倒角 5 次,倒角参数分别为 6.7 mm 和 3.67 mm、5.03 和 0.2、0.6 和 0、0 和 –1.6、–16.2 和 –8.3,倒角效果如图 2-186 所示。

(7) 进行几次【倒角】命令后,灯头里面的效果如图 2-187 所示。

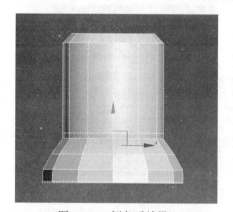 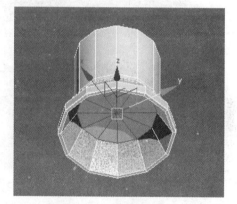

图 2-186　倒角后效果　　　　　　　　图 2-187　倒角效果

(8) 切换到多边形的■【线】次物体级别,选中如图 2-188 所示的线,应用"Connect"【连线】命令,添加 11 条线段。

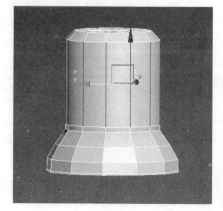 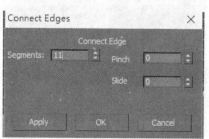

图 2-188　连线命令

（9）切换到【多边形】次物体的▇面级别，选择如图 2-189 所示的面，应用"Bevel"【倒角】命令，进行两次倒角，具体参数如图 2-189 所示。

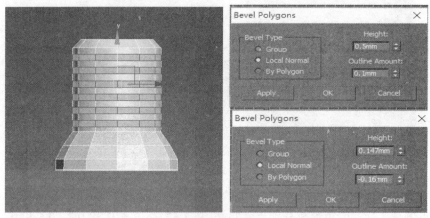

图 2-189　倒角命令

（10）在场景中创建"Box"【长方体】，具体参数如图 2-190 所示。

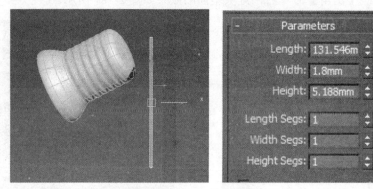

图 2-190　长方体

（11）按住【Shift】键，复制一个长方体，并调整其位置，如图 2-191 所示。

（12）在场景中创建一个"Cylinder"【圆柱体】，如图 2-192 所示，作为台灯的底座，使用 【自由缩放】工具，向里缩。

图 2-191　台灯框架　　　　　　　　图 2-192　台灯底座

(13) 选择如图 2-193 所示的面，应用"Bevel"【倒角】命令，进行 3 次倒角，具体参数分别为 1.5 mm 和 0 mm、1.5 mm 和 –1 mm、1.02 mm 和 0 mm，效果如图 2-193 所示。

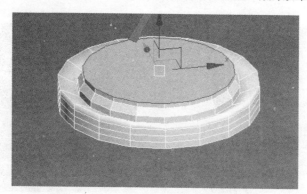

图 2-193 底座倒角效果

(14) 台灯模型完成效果如图 2-194 所示。

图 2-194 台灯模型效果

2.5.5 坦克模型

通过练习实现坦克模型的创建，进一步巩固多边形建模方法，坦克效果如图 2-195 所示。

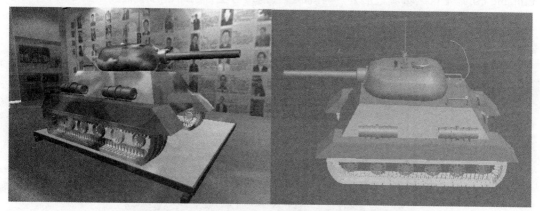

图 2-195 坦克效果

1. 车身部分的制作

（1）在【修改】面板选择使用"Box"【长方体】工具，创建一个大小合适的长方体，如图 2-196 所示。

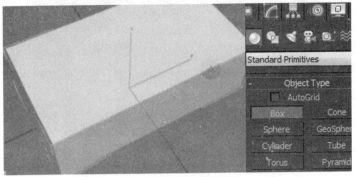

图 2-196　长方体

（2）选中这个长方体，转换为"Editable Poly"【可编辑多边形】，选择面级别，选中长方体上方的面进行缩放，如图 2-197 所示。

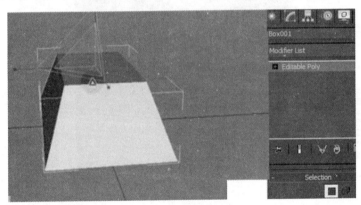

图 2-197　可编辑多边形

（3）创建车身两边的部分——选择 Box [长方体]工具，调整合适的长度和高度，再转为"Editable Poly"【可编辑多边形】，选择面级别，对上方的面进行缩放，如图 2-198 所示。

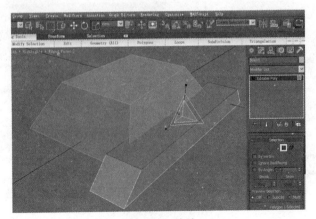

图 2-198　缩放

第 2 章 基本模型的创建

（4）另一侧制作，到"Modifiers"【修改器】菜单中，选择"Mesh Editing"【网格编辑】层级下的"Symmetry"【对称】工具，选中对称的镜像轴，把它的位置归零，如图 2-199 所示。

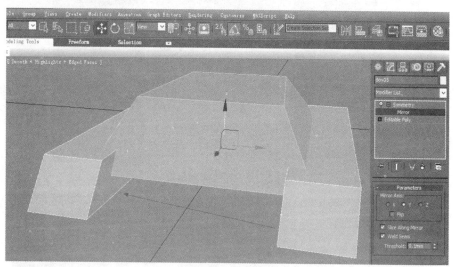

图 2-199　镜像

（5）右击鼠标选择克隆，复制做好的两个长方体，右击鼠标隐藏刚刚克隆的两个长方体，如图 2-200 所示。

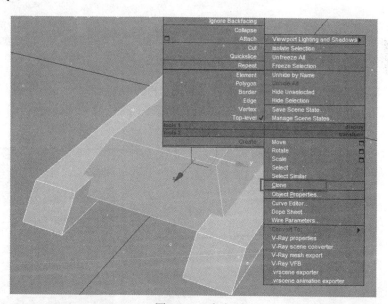

图 2-200　克隆

（6）利用 Bool 制作下方缺口部位，选中车身物体，到【修改】面板列表中选择"Compound"【复合对象】，选择"ProBoolean"【超级布尔运算】工具，选择"Start Picking"【开始拾取】，单击车身两侧的长方体进行拾取，效果如图 2-201 所示。

（7）制作挡板部分，显示（5）中隐藏的物体，右击"Unhide All"【显示所有物体】，转为"Editable Poly"【可编辑多边形】，删除车身两侧的长方体外侧及底部的面，如图 2-202 所示。

- 75 -

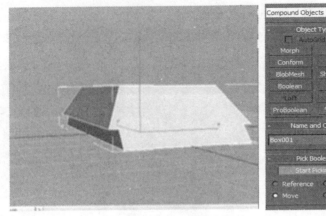

图 2-201 超级布尔运算

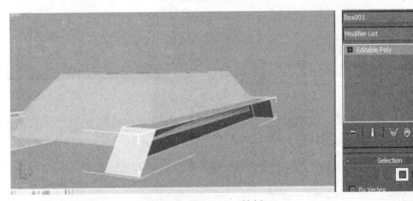

图 2-202 挡板

（8）在"Modifiers"【修改器】菜单中，选择"Parametric Deformers"【参数化变形器】层级下的"Shell"【壳】工具，进行"Inner Amount"【内部量】数据设置，给它们添加合适的厚度，如图 2-203 所示。

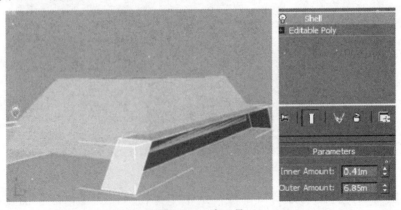

图 2-203 壳工具

2. 炮塔部分的制作

（1）在【修改】面板中选择"Line"【线】工具，画出如图 2-204 所示的形状，此处"AutoGrid"【自动栅格】不打钩。

第 2 章　基本模型的创建

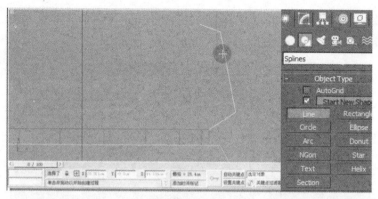

图 2-204　画线

（2）在【修改】面板中，选择顶点级别，选择线的中间两点调整"Fillet"【圆角】值，效果如图 2-205 所示。

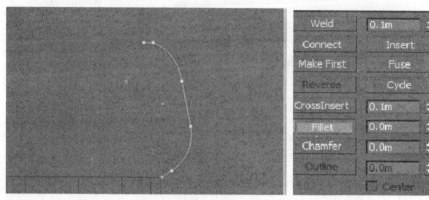

图 2-205　调点 1

（3）选择【修改】面板中"Box"【矩形】工具，转为"Spline"【可编辑样条线】，选择点级别，选择矩形一边的两点，进行缩放，调整"Fillet"【圆角】值，具体如图 2-206 所示。

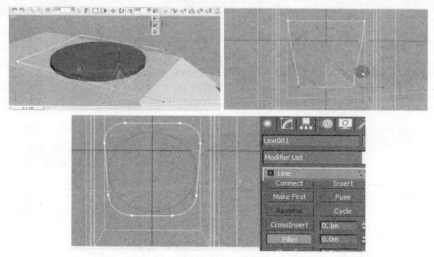

图 2-206　调点 2

（4）选择矩形，在【修改】面板中找到"Bevel Profile"【倒角剖面】，单击线条拾取剖面，效果如图 2-207 所示。

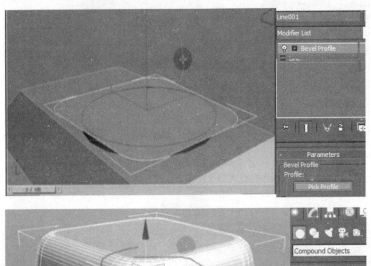
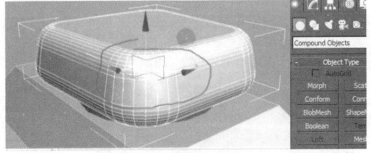

图 2-207　倒角剖面

（5）选中刚刚做好的炮塔部分，转为"Spline"【可编辑样条线】，选择两点连接如图所示的两条线（提示：快捷键【Ctrl】+【Shift】+【E】），在右击鼠标弹出的对话框中选择"Cut"【剪切】工具，添加如图 2-208 所示的线条。

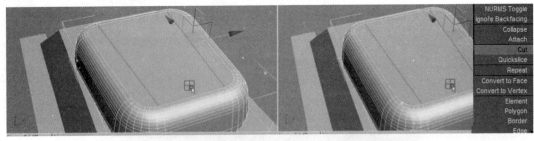

图 2-208　炮塔

(6) 在炮塔下方画出同样的线条，步骤同上，如图 2-209 所示。

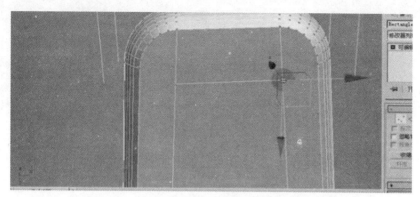

图 2-209　炮塔下方

(7) 选中这部分的面（图 2-210），单击"Detach"【分离】，选择 【自由缩放】工具，缩小这部分面，向前稍稍移动至合适位置，按【Alt】+【Q】组合键独立显示，添加壳的效果，壳的具体制作步骤同制作车身部分第（8）步操作相同，关闭独立显示，最终效果如图 2-210 所示。

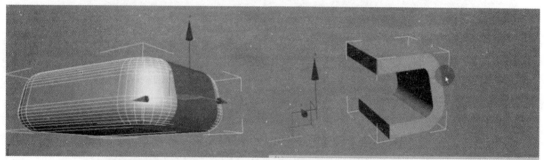

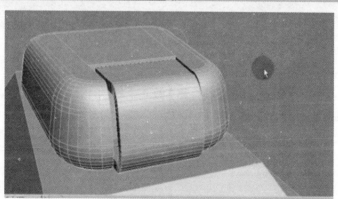

图 2-210　炮塔

3. 火炮的制作

（1）在顶视图中操作，选择"Line"【线】工具，画出如图 2-211 的形状，单击【修改器】面板，选择修改列表下的"Lathe"【车削】工具，切换到【修改】面板中，选择对齐方式为"Main"【最小】，把"Flip Normals"【反转法线】和"Weld Core"【焊接内核】都打开。

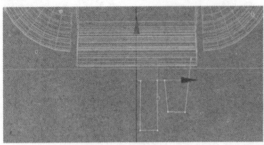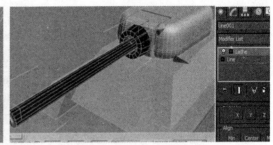

图 2-211 车削

（2）选中炮口的一点调整炮口（图 2-212），选中如图 2-212 所示的两个点，调整"Fillet"【圆角】值，选择如图 2-213 所选的几个点调整至合适位置，最终效果如图 2-213 所示。

图 2-212 炮口调点

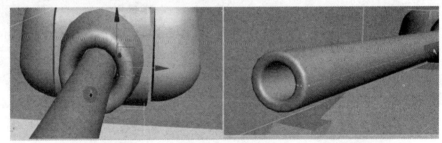

图 2-213 平滑

4. 炮塔前螺丝的制作

（1）在炮口四周利用"Cylinder"【圆柱体】做 4 个螺丝，圆柱体段数为 6，位置如图 2-214 所示，复制做好的上面两个圆柱体，然后隐藏。

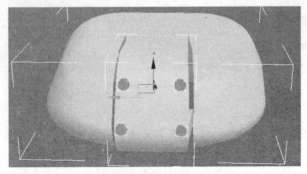

图 2-214 螺丝

(2)选中圆柱体,用【超级布尔运算工具】来做螺丝洞[步骤同"1.车身部分的制作"第(6)步相同]效果,做好 4 个洞后,显示被隐藏物体,放入上面两个洞中,适当缩小即可,最后把颜色改为绿色,效果如图 2-215 所示。

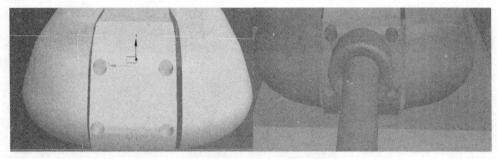

图 2-215　螺丝洞

5. 舱口的制作

(1)在【修改】面板中"Extended Primitives"【扩展基本体】中选择"ChamferCyl"【切角圆柱体】,在【修改】面板中调整圆角数和段数(为了达到圆滑效果,圆角数和段数尽量大些),在炮塔上面做出圆角,如图 2-216 所示。

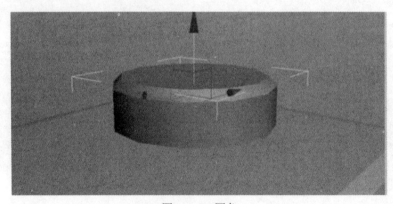

图 2-216　圆角

(2)选择【修改】面板中的"Standard Primitives"【标准基本体】,选择"Torus"【圆环】工具,在刚做好的物体上方做一个圆环,此时发现圆环和圆柱体中心不在一起,如图 2-217 左侧所示,选择【快速对齐】工具,单击圆柱体,如图 2-217 右侧所示。

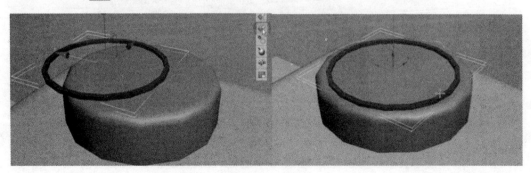

图 2-217　圆环

（3）围绕"ChamferCyl"【切角圆柱体】做一圈小长方体，进行旋转调整至合适位置，转为"Poly"【可编辑多边形】，选择前方一个面，单击鼠标右键，打开"Bevel"【倒角】对话框，轮廓量调小一点，单击应用，再往里面挤，单击【确定】按钮即可，如图2-218所示。

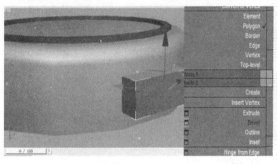 

图2-218 倒角

（4）选中物体，选择【修改】面板层级下的"Affect Pivot Only"【仅影响轴】，选择【快速对齐】工具，快速对齐到圆柱体上。再次选中物体，打开【旋转】工具，旋转30°，复制11个，效果如图2-219所示。

图2-219 旋转复制

6. 小零件的制作

选择"Cylinder"【圆柱体】，"Sides"【段数】为12—复制上面刚刚做好的小方块—拖到圆柱体上边，选择"Affect Pivot Only"【仅影响轴】，居中到对象，效果如图2-220所示。

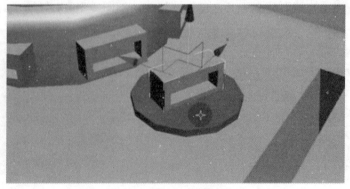

图2-220 调轴

7. 天线部分的制作

（1）画一个圆柱体，再复制一个圆柱体适当缩小，设置"Sides"【段数】为18，选中刚做的圆柱，转为"Poly"【可编辑多边形】，单击鼠标右键，选择"Collapse"【塌陷】工具对天线杆顶点进行塌陷，选择顶部顶点，把天线杆调高一点。接下来做螺旋线部分，选择【修改】面板中的"Helix"【螺旋线】，调整合适的"Height"【高度】和"Turns"【圈数】，选择 【快速对齐】工具，让它快速对齐到天线杆中心，如图2-221所示。

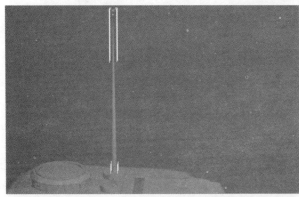

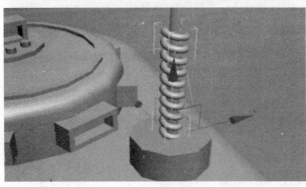

图 2-221　螺旋线部分

（2）制作油箱，选择"Cylinder"【圆柱体】（调整至合适高度、"Sides"【段数】为16），复制圆柱体，然后高度调小、半径调大），再复制上一步圆柱体，在刚刚调整的基础上再把"Height"【高度】和"Radius"【半径】调小一点，再把这个小圆柱体复制3个，放到合适位置，效果如图2-222所示（相同物体最好实例复制）。

图 2-222　油箱

（3）油箱盖制作。选中油箱，转为"Poly"【可编辑多边形】选中两侧面，右击鼠标选择"Bevel"【倒角】，先往里倒角再往里面倒角。选择"Box"【长方体】来作两个小零件，"AutoGrid"【自动栅格】打钩，复制这个长方体，在这基础上缩小，效果如图2-223所示。

图 2-223　油箱盖

（4）管状体制作。选择"Line"【线】制作（见图2-224，过程中按住【Shift】键），转为"Spline"【可编辑样条线】，设置"Fillet"【圆角】，选择"Radial"【径向】方式渲染，再复制这个管状体转为"Spline"【可编辑样条线】，选择它的横条线（图 2-224），删除，厚度调大点（图 2-224），另一侧的复制即可。

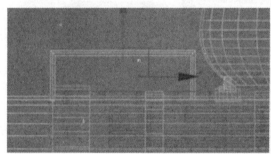

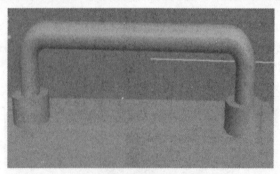

图 2-224　管状体

（5）排气管制作，选择"Circle"【圆】，做出大小合适的圆，转为"Spline"【可编辑样条线】，选择两个点进行缩放，使它变成类似椭圆的形状，单击鼠标右键，选择"Refinement"【细化】工具，在椭圆两边的中间部分加两点，选择下半部分删掉（图2-225），再用"Connection"【连线】工具连接起来，用"Extrude"【挤出】工具挤出，此时呈现马蹄形。

第 2 章 基本模型的创建

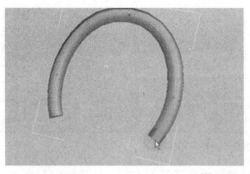 

图 2-225 排气管

（6）选择线，"AutoGrid"【自动栅格】不打钩，"Rendering"【渲染】打开，在马蹄状上面作一个管状体（图 2-226），选择中间的点，作"Fillet"【圆角】，最后调整至合适的大小。

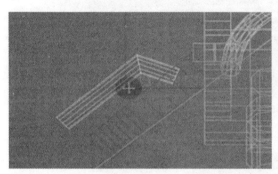 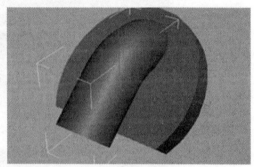

图 2-226 管状体

（7）用"Tube"【管状体】来制作轮子，用"Tube"画一个大小合适的管状体，再用"Circle"【圆】工具在中间画一个小圆，用 ![] 【快速对齐】工具使坐标轴快速对齐圆环中心坐标，再用【长方体】工具画个小方块，用 ![] 【快速对齐】工具使坐标轴快速对齐圆中心坐标—旋转 30°，复制 11 个，效果如图 2-227 所示。[提示：对齐方式步骤同各种小零件的制作步骤（2）相同，此处不再详细介绍]。

图 2-227 轮子

（8）履带制作。用"Line"【线】工具画出如图 2-228 所示的形状，用"Rectangle"【矩形】工具在左侧画出梯形效果（效果如图 2-228 右图所示），复制一份拖到右侧，用"Attach"【附加】工具附加所有线条，如图 2-228 所示。

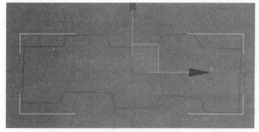 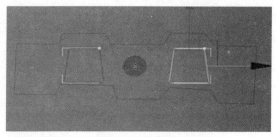

图 2-228　线形

（9）选中"Line"【线】，右击转为"Spline"【可编辑样条线】，"Extrude"【挤出】（图 2-229），将刚挤出的履带复制一份，关闭挤出效果（图 2-230）。

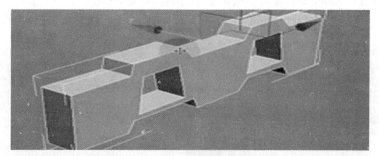

图 2-229　挤出

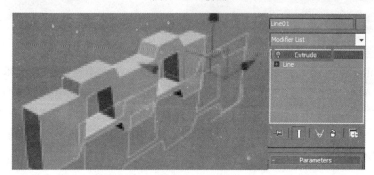

图 2-230　关闭挤出

（10）在【修改】面板打开"Rendering"【渲染】，选择以"Rectangle"【矩形】方式渲染，适当调整"Length"【长度】和"Width"【宽度】，这样履带就更像了（图 2-231）。

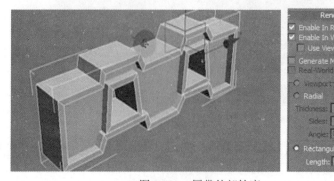

图 2-231　履带外部轮廓

(11) 在刚做好的履带上画一个长方体,转为"Spline"【可编辑样条线】,做"Collapse"【塌陷】效果(图2-232),完整的一个履带已做好,把整个履带附加成一个物体即可。

图2-232 塌陷

(12) 用"Line"【线】工具围绕轮子画一个履带路径(图2-233),沿 y 轴把履带复制50个,如图2-234所示。

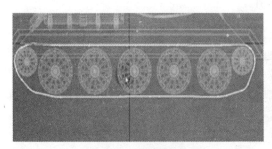 

图2-233 履带路径　　　　　　　　　图2-234 履带复制

(13) 将复制的50个履带塌陷成一个物体,如图2-235所示。

(14) 找到【菜单】修改器,选择"Animation"【动画】层级下的"Path Deform"【路径变形】工具,如图2-236所示。

 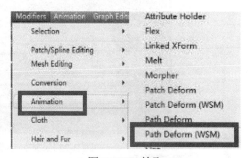

图2-235 履带塌陷后　　　　　　　　图2-236 拾取

(15) 在履带选中的情况下单击"Pick Path"【拾取路径】,单击画好的 Line(履带路径),单击"Move to Path"【转到路径】。"Path Deform Axis"【路径变形轴】选 y 轴,操作如图2-237所示。

提示：① 如果履带锯齿向外，那么把"Rotation"【旋转度数】改为180°就可以了。② 履带太短无法闭合的话调整"Stretch"【拉伸值】让履带闭合即可。

最终完成的坦克的模型效果如图2-238所示。

图2-237　拾取设置

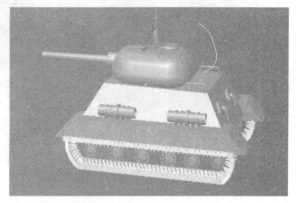

图2-238　坦克模型效果

2.5.6　综合项目——室外小房子（模型部分）

本节练习的是一个综合项目，包括模型的创建、材质贴图的处理和实现、灯光的实现、摄像机和渲染器的调整等一系列完整的流程，通过小的案例模拟企业真实项目的完整流程，为学生今后从事相关的工作打下坚实的基础。

本节主要通过室外房子及场地三维场景模型的创建，来进一步巩固多边形建模方法，其他部分的知识将在后面对应的章节里介绍。

室外小房子三维场景模型效果如图2-239所示。

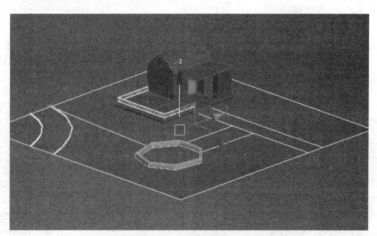

图2-239　室外小房子三维场景模型效果

（1）启动3ds Max 软件，将单位设置为米，效果如图2-240所示。

（2）在【创建】面板中单击"Box"【长方体】，在场景中绘制一个长方形，在"Parameters"【参数】展栏下设置"Length"【长度】为6 m，"Width"【宽度】为4.5 m，"Height"【高度】为0.4 m，具体参数设置及模型效果如图2-241所示。

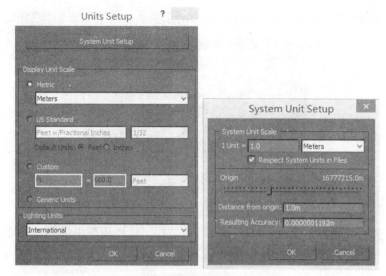

图 2-240　单位设置

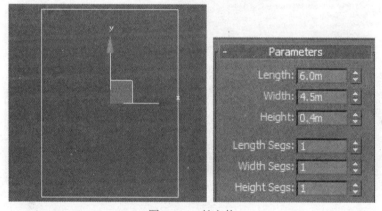

图 2-241　长方体

（3）选中模型并转换为可编辑多边形，在"Selection"【选择】面板中单击【线段】按钮，进入点级别，选中两边的线，在【多边形】面板中单击"Connect"【连线】按钮旁的【设置】按钮，参数及效果如图 2-242 所示。

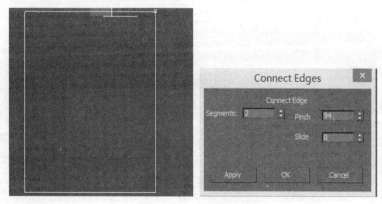

图 2-242　线段层级

(4) 使用步骤 (3) 的方法挤出如图 2-243 所示的线, 效果如图 2-243 所示。

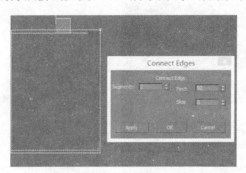

图 2-243 挤出

(5) 在【多边形建模】面板中单击 ■【面】按钮, 选中模型中的面, 在【多边形】面板中单击 "Extrude"【挤出】按钮旁边的 ■【设置】按钮, 设置 "Height"【高度】为 3.2 m, 效果如图 2-244 所示。

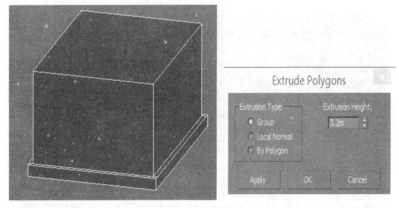

图 2-244 多边形

(6) 在【多边形建模】面板中单击 ■【线段】按钮, 选中两边的线, 在 "Selection"【选择】面板中单击 ■【线段】按钮, 进入点级别, 选中两边的线, 在【多边形】面板中单击 "Connect"【连线】按钮旁的 ■【设置】按钮, 参数及效果如图 2-245 所示。

(7) 在【多边形建模】面板中单击 ■【线段】按钮, 选中刚挤出的线, 沿着 z 轴往上提, 效果如图 2-246 所示。

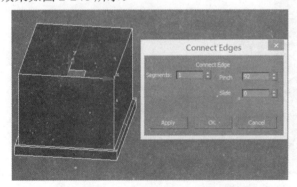 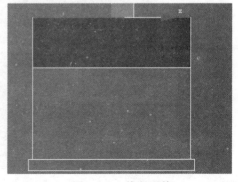

图 2-245 连线 　　　　　　　　图 2-246 线段调整

(8)在面板中选中■【面】按钮,选中模型中的面,在【多边形】面板中单击"Bevel"【倒角】按钮旁边的■【设置】按钮,设置"Height"【高度】为 0 m,"Outline Amount"【扩边量】为 0.14 m,效果如图 2-247 所示。

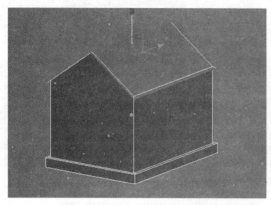
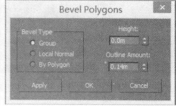

图 2-247　倒角

(9)选中刚才使用倒角工具扩出来的面,在【多边形】面板中单击"Extrude"【挤出】按钮旁边的■【设置】按钮,设置 Height【高度】为 0.08 m,效果如图 2-248 所示。

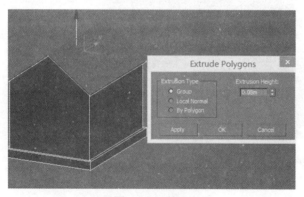

图 2-248　挤出

(10)单击■,选中模型的面,设置"Height"【高度】为 3.3 m,如图 2-249 所示。

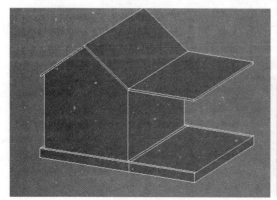
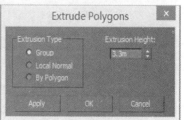

图 2-249　面挤出

(11) 单击■【线段】进入线级别,挤出如图 2-250 所示的线,具体参数及效果如图 2-250 所示。

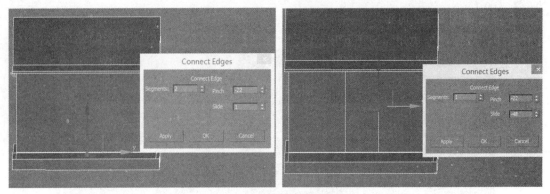

图 2-250　线段连线

(12) 单击■【面】进入面级别,选中模型中的面,设置【挤出高度】为 3.3 m,效果如图 2-251 所示。

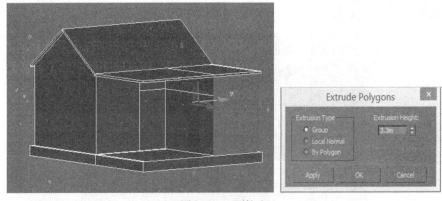

图 2-251　面挤出

(13) 单击■【线段】进入线级别,选中模型中的线,用连线工具添加如图 2-252 所示的线,效果及参数如图 2-252 所示。

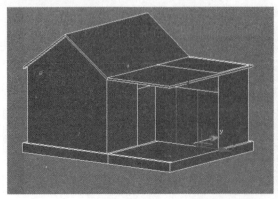

图 2-252　连线

(14) 单击 ■【面】进入面级别,选中模型中面,设置【挤出高度】为 5 m,效果如图 2-253 所示。

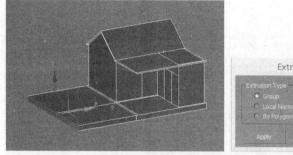

图 2-253 面挤出

(15) 单击【创建】面板中的"Cylinder"【圆柱体】,在"Parameters"【参数】面板中设置"Radius"【半径】为 0.02 m,"Height"【高度】为 0.45 m,"Sides"【边数】为 8,在【创建】面板中单击"Line"【线】工具画一条线,如图 2-254 所示。

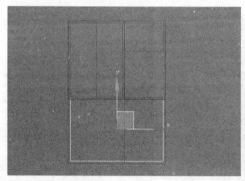

图 2-254 画线

(16) 打开上面的菜单栏"Tools"→"Align"→"Spacing Tool"(间隔工具)工具,选中场景中的圆柱体,单击"Pick Path"【拾取路径】,在场景中单击刚创建的线,最后效果及参数设置如图 2-255 所示。

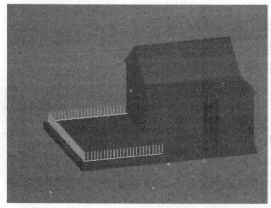

图 2-255 间隔工具

（17）重新选中场景的线，打开 【修改】面板，设置参数，调整样条线的位置，并按住【Shift】键复制一个样条线调整其位置，效果如图 2-256 所示。

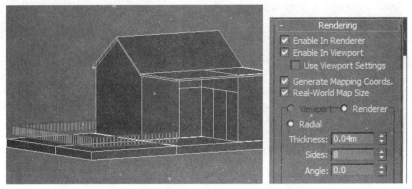

图 2-256　复制线

（18）在场景中选中圆柱体进行复制，分别放到模型的拐角处，参数及模型的效果如图 2-257 所示。

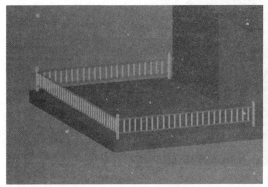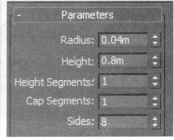

图 2-257　圆柱体

（19）制作小楼梯，在【多边形】面板中单击 【线段】，选中场景中楼梯两旁的线，在面板中单击"Connect"【连线】按钮旁边的 【设置】按钮，设置"Segments"【线段】为 2，效果如图 2-258 所示。

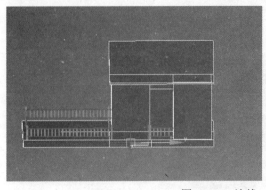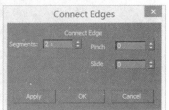

图 2-258　边线

(20) 在【多边形】面板中单击 ,选中场景中的两个面,在【多边形】面板中单击"Extrude"【挤出】按钮旁边的 【设置】按钮,设置【挤出高度】为 0.17 m,效果如图 2-259 所示。

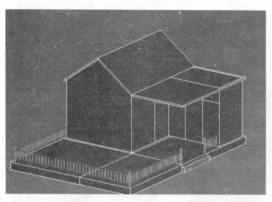
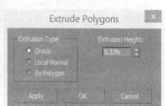

图 2-259 挤出

(21) 使用步骤(20)的方法,制作楼梯的最后一节,做好的效果如图 2-260 所示。

(22) 使用"Connect"【连线】工具制作窗户,效果如图 2-261 所示。

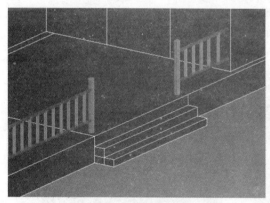
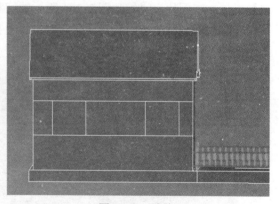

图 2-260 楼梯　　　　　　　　　图 2-261 连线

(23) 选中模型的两个窗户面、两个门面,在【多边形】面板中单击"Extrude"【挤出】按钮旁边的 【设置】按钮,设置【挤出高度】为 0.12 m,效果如图 2-262 所示。

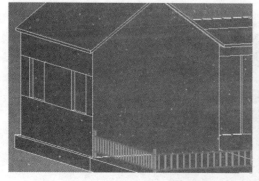
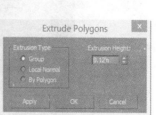

图 2-262 挤出

（24）单击【创建】面板中的"Plane"【面片】在顶视图中画一面片，在"Parameters"【参数】面板中设置"Length"【长度】为 30 m，"Width"【宽度】为 30 m，效果如图 2-263 所示。

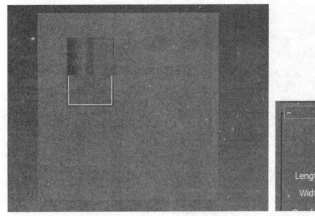

图 2-263　面片

（25）选中上一步创建的面片右击，将其转变为可编辑多边形，在面板中找到"Cut"【切割】工具，在面片上进行如图 2-264 所示的切割。

（26）打开【捕捉】工具，并右击设置如图 2-265 所示的参数。

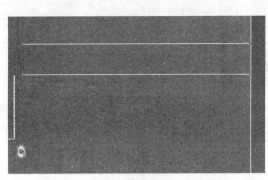

图 2-264　切线

图 2-265　捕捉

（27）单击进入点级别，使用【捕捉】工具调整点的位置，效果如图 2-266 所示。

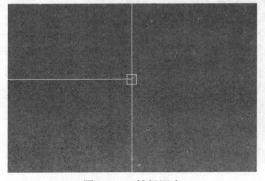

图 2-266　捕捉调点

(28) 单击■进入面级别，选中切割出的面，在面板中找到 【分离】按钮并单击，在弹出的对话窗口中为模型命名，命名为"xiaolu3"，如图2-267所示。

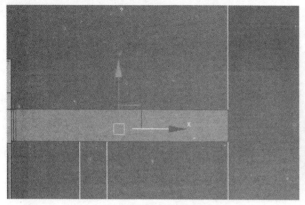

图 2-267 分离

(29) 使用"Cut"【切割】工具，在顶视图中对面片进行如图2-268所示的切割。

(30) 单击■进入点级别，使用捕捉■工具，对点进行准确的调整，效果如图2-269所示。

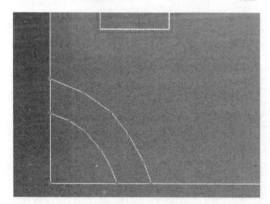

图 2-268 切线

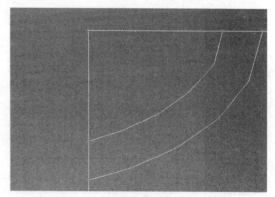

图 2-269 调点

(31) 单击■进入面级别，选中切割出的面，在面板中找到 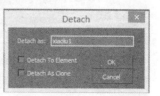【分离】按钮并单击，在弹出的对话窗口中为模型命名，命名为"xiaolu1"，如图2-270所示。

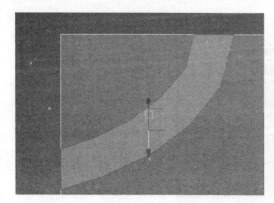

图 2-270 分离

（32）开启 【捕捉】工具，单击【创建】面板中的"Line"【线】，沿着切割的线画一条如图 2-271 所示的线，打开 【修改】面板，勾选渲染样条线并设置参数，如图 2-271 所示。

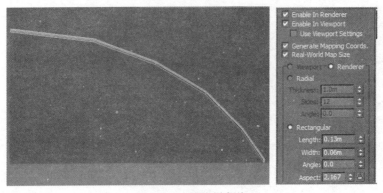

图 2-271　渲染样条线

（33）使用步骤（32）的方法做出另一边的路牙线，效果如图 2-272 所示。

（34）再次使用 【捕捉】和"Cut"【切割】和"Line"【线】工具绘制如图 2-273 所示的线条。

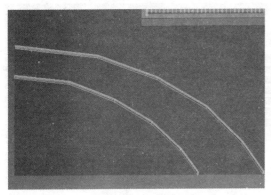 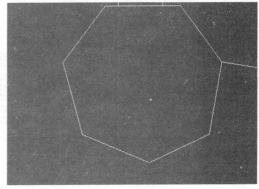

图 2-272　路牙　　　　　　　　　　　图 2-273　画线

（35）单击 进入面级别，选中切割出的面，找到面板中的 Detach 【分离】按钮并单击，在弹出的对话框中为模型命名，命名为"huatan"，效果如图 2-274 所示。

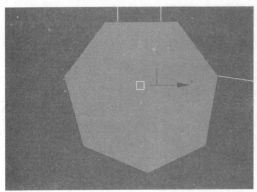

图 2-274　分离

第 2 章 基本模型的创建

(36) 开启 [2.5]【捕捉】工具，单击【创建】面板中的"Line"【线】工具绘制如图 2-275 所示的线条，打开 【修改】面板，勾选渲染样条线并设置参数，将其转化为可编辑多边形，效果如图 2-275 所示。

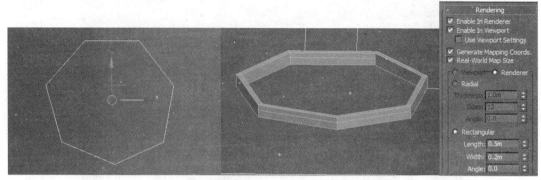

图 2-275 渲染样条线

(37) 使用"Cut"【切割】工具，切割出如图所示的形状，并使用 [2.5]【捕捉】工具对点进行准确的调整，效果如图 2-276 所示。

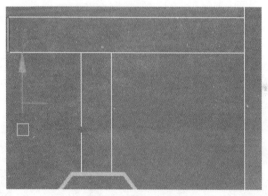

图 2-276 切割

(38) 单击 进入面级别，选中切割出的面，找到面板中的 Detach 【分离】按钮并单击，在弹出的对话框中为模型命名，命名为"xiaolu2"，效果如图 2-277 所示。

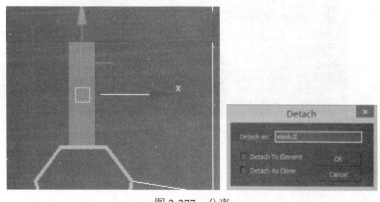

图 2-277 分离

（39）将剩余的地面选中并附加到一起，命名为"dacaodi"。这样，室外三维场景的模型就全部完成了，完成的效果如图 2-278 所示。

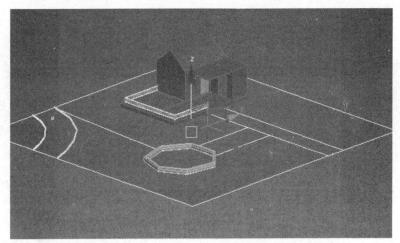

图 2-278　室外小房子三维场景模型效果

2.6　机房场景模型的创建——多边形建模综合应用

本节多边形建模的综合应用，主要通过机房三维的场景创建，进一步巩固多边形建模的各种工具，灵活应用各种方法，从而熟练掌握多边形建模的方法，为以后进行室内外建模打下坚实的基础。

机房完成后的效果如图 2-279 所示。

图 2-279　机房效果

2.6.1　电脑显示器模型

（1）打开 3ds Max 软件，将系统单位设置为毫米，如图 2-280 所示。

第 2 章　基本模型的创建

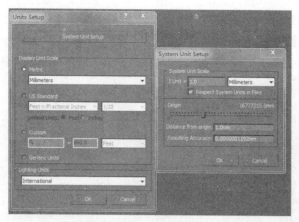

图 2-280　单位设置

（2）调到左视图，使用"Plane"【面片】工具制造一个面片，尺寸为 400 mm×400 mm，如图 2-281 所示。

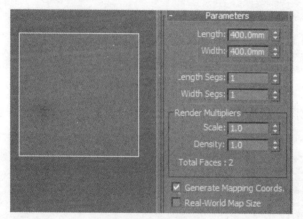

图 2-281　面片制造

（3）转换为可编辑多边形，选中面级别，使用"Extrude"【挤出】工具制造出一个多边形，如图 2-282 所示。

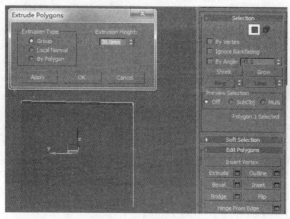

图 2-282　挤出多边形

（4）选择没有闭合的一面并选中线级别，使用"Bridge"【桥接】工具闭合面片，使之成为一个闭合的可编辑多边形，如图 2-283 所示。

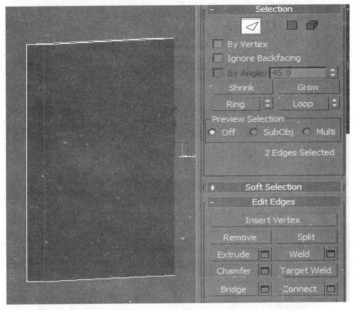

图 2-283　桥接

（5）调整到右视图，选择面，使用"Inset"【插入】工具制造如图 2-284 所示效果。

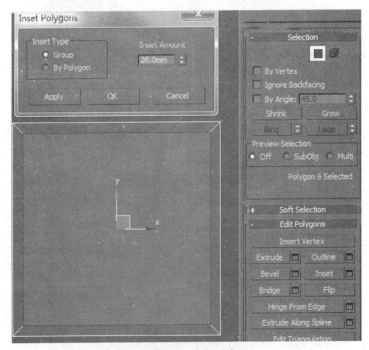

图 2-284　缩进面片

（6）使用"Extrude"【挤出】工具【挤出】–10 mm 电脑屏幕，如图 2-285 所示。

第 2 章 基本模型的创建

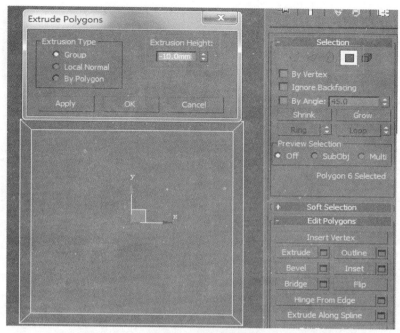

图 2-285 挤出屏幕

（7）调整到左视图，选择面级别，使用"Inset"【插入】工具缩进 80 mm，如图 2-286 所示。

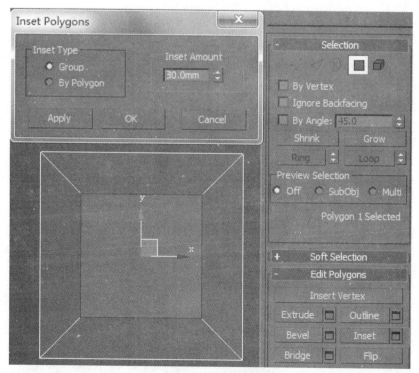

图 2-286 屏幕背部缩进

（8）使用"Bevel"【倒角】工具倒角–10 mm，高度 30 mm，如图 2-287 所示。

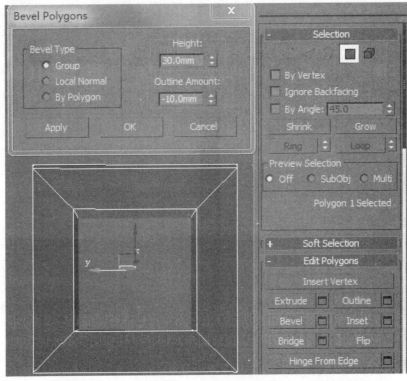

图 2-287　使用倒角工具

（9）选择如图 2-288 所示的两条线，使用"Connect"创建两条新的线条。

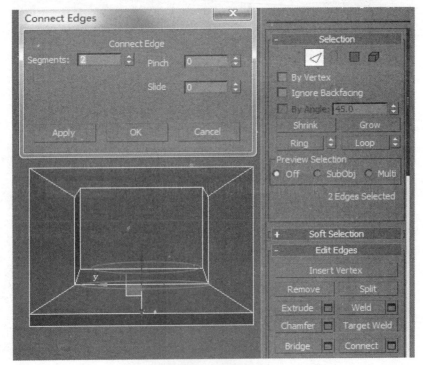

图 2-288　创建新线条

（10）选择如图 2-289 所示的面使用"Extrude"【挤出】工具挤出 200 mm。

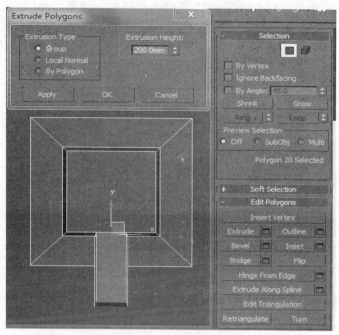

图 2-289 挤出屏幕底部连接柄

（11）调到左视图，选择点级别，把新挤出的底面调整为同一高度，如图 2-290 所示。

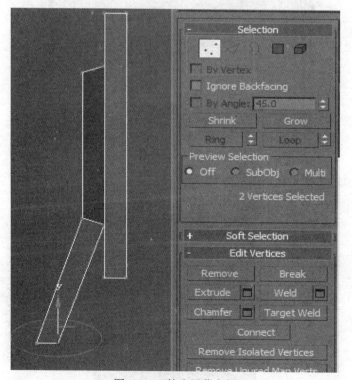

图 2-290 挤出屏幕底部

（12）调到底视图，选择底面，使用"Extrude"【挤出】工具挤出 20 mm，选择对应的 3 个面使用"Extrude"中的"Local Normal"局部法线挤出，如图 2-291 所示。

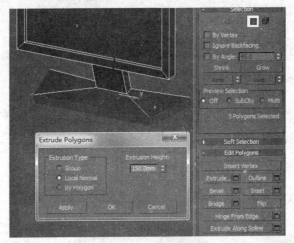

图 2-291　完善屏幕底座

（13）调到左视图，按【F3】键调整到线条编辑模式，选择对应线条调整，使得电脑屏幕底座平行一致，如图 2-292 所示。

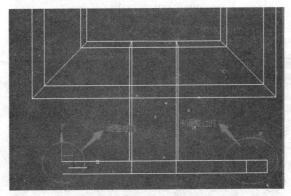

图 2-292　修正底座

（14）电脑屏幕具体效果如图 2-293 所示。

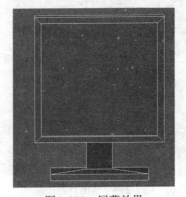

图 2-293　屏幕效果

2.6.2 键鼠和机箱模型

（1）调整到左视图，使用"Line"【线】工具画如图 2-294 所示线条。

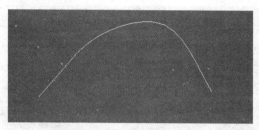

图 2-294 鼠标样条线

（2）在左视图画一条对应长度直线段，使用"Loft"【放样】工具制作鼠标曲面，如图 2-295 所示。

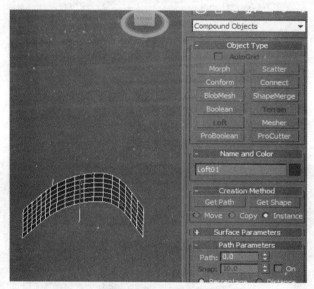

图 2-295 放样鼠标

（3）转化为可编辑多边形，使用"Bridge"【桥接】工具选择对应线条闭合成为鼠标模型，如图 2-296 所示。

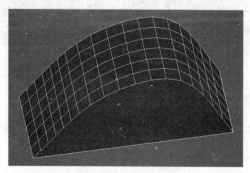

图 2-296 鼠标模型

(4) 制作数据连接线, 选择"Line"【线】工具, 在左视图上画出合适的线条, 并调整到合适位置, 如图 2-297 所示。

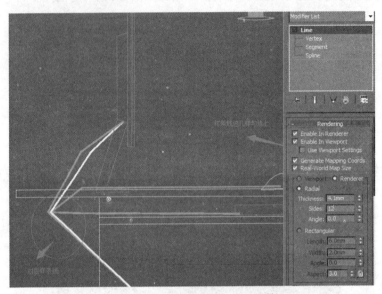

图 2-297　制造合适样条线并调整

(5) 机箱和键盘均为"Box"模型, 具体效果如图 2-298 所示。

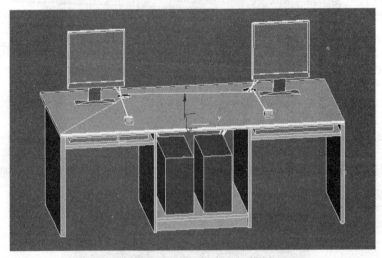

图 2-298　机箱和键盘 Box 模型

2.6.3　电脑桌椅模型

(1) 调到顶视图, 使用"Plane"制造出一个面片, 长、宽分别为 3 000 mm、1 500 mm, 如图 2-299 所示。

第 2 章　基本模型的创建

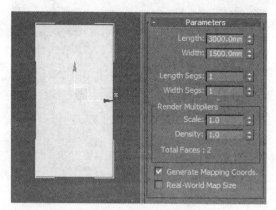

图 2-299　制造一个面片

（2）把面片转化为可编辑多边形，使用"Extrude"和"Content"挤出和添加线条制造出大概轮廓，如图 2-300 所示。

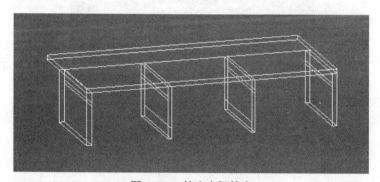

图 2-300　挤出大概轮廓

（3）使用"Bridge"【桥接】工具链接其中的对立的面，制造出电脑桌具体内容，如图 2-301 所示。

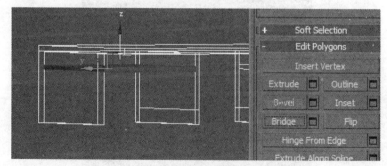

图 2-301　使用桥接工具

（4）选择桌角的那条线使用"Chamfer"【切线】工具制造出平滑的桌角，如图 2-302 所示。

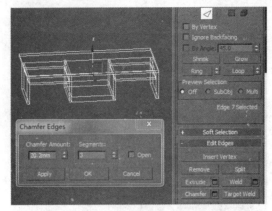

图 2-302 使用切线工具切出桌角

（5）使用"Cone"制造出两个相同的圆柱体，摆放到合适位置，如图 2-303 所示。

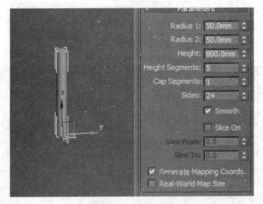

图 2-303 制造圆柱体

（6）使用工具栏里的"Collapse"工具合并成为一个物体方便进行下一步的超级布尔运算，如图 2-304 所示。

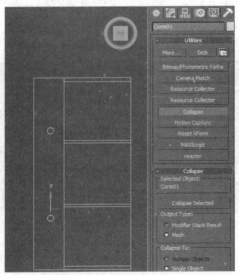

图 2-304 塌陷成一个物体

（7）使用超级布尔运算在桌面上面制造两个圆形空洞方便之后的线出入，如图 2-305 所示。

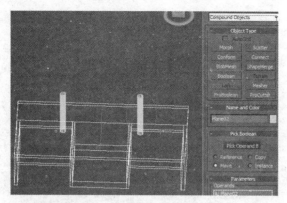

图 2-305　超级布尔运算制造桌洞

（8）制造机房内椅子，调整到顶视图，创建一个盒子模型，大小为 400 mm×300 mm×20 mm，如图 2-306 所示。

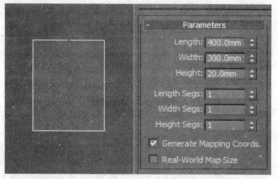

图 2-306　制造一个盒子模型

（9）把盒子转化为可编辑多边形，选择底视图，选中对应线条，使用"Connect"工具创建如图 2-307 所示线条。

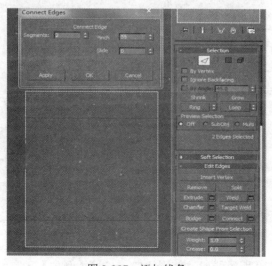

图 2-307　添加线条

（10）选择这两条线，使用"Chamfer"【倒角】工具分为两条线段，如图 2-308 所示。

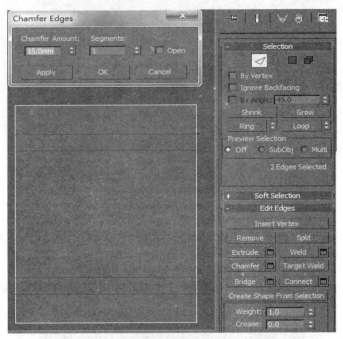

图 2-308　使用【倒角】工具分线

（11）选择如图 2-309 所示线段，继续使用"Connect"【连接】工具分线。

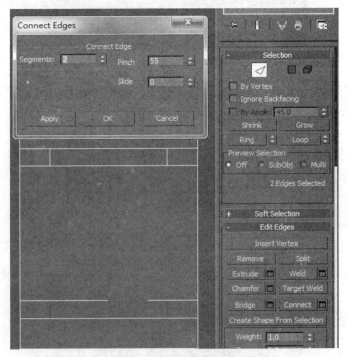

图 2-309　使用【连接】工具造线

（12）选择如图 2-310 所示线段，使用"Chamfer"【倒角】工具制造两条线。

第 2 章 基本模型的创建

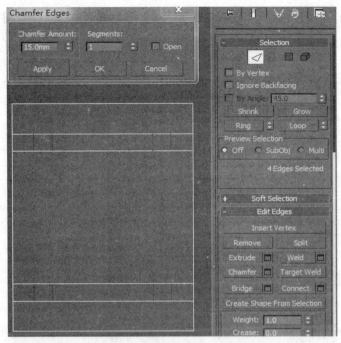

图 2-310 使用【倒角】工具造线

（13）选择对应面挤出，如图 2-311 所示。

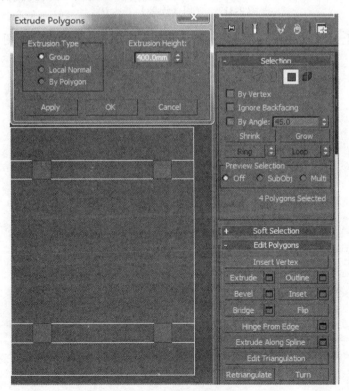

图 2-311 挤出对应面

（14）选中相应线段，使用"Connect"【连接】工具创造出线段，如图2-312所示。

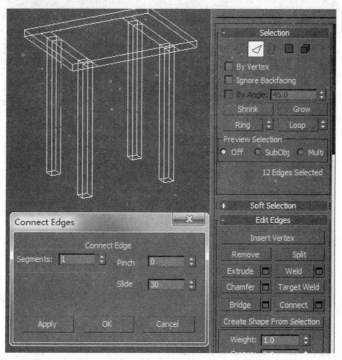

图2-312　使用【连接】工具造线

（15）选中上面线段，使用"Chamfer"【倒角】工具分出两条线，如图2-313所示。

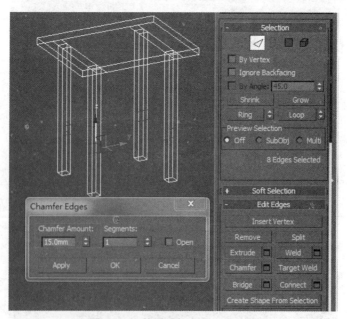

图2-313　使用【倒角】工具造线

（16）选择对应面，使用"Bridge"【桥接】工具连接，如图2-314所示。

第 2 章 基本模型的创建

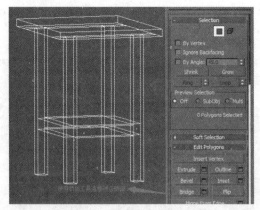

图 2-314 桥接对应面

2.6.4 机房房间模型及整合

1. 机房房间模型制作

（1）将视图调整为顶视图，选用"Plane"【面片】工具在顶视图上画一个面片，并且设置面片参数长、宽分别为 18 000 mm、9 000 mm，如图 2-315 所示。

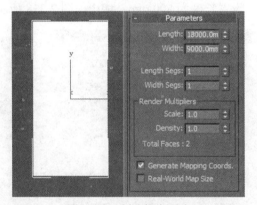

图 2-315 制造机房面片

（2）将上面的面片转化为可编辑多边形，选择线级别，使用"Extrude"【挤出】工具挤出四面墙壁，高度为 3 000 mm，如图 2-316 所示。

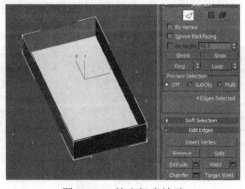

图 2-316 挤出机房墙壁

(3)按"F3"键调到线段视图,选中如图 2-317 所示的两条线段,并按"Connect"【连接】工具分出两条线段。

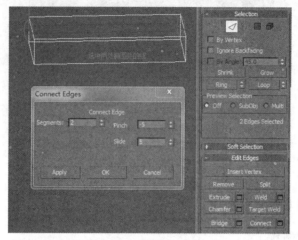

图 2-317　连接工具造线

(4)按照上面的方法,选中合适的两条线段,并按"Connect"添加 6 条线段,使用"Chamfer"【倒角】工具,设置长度为 500 mm,切出如图 2-318 所示 6 个窗户雏形。

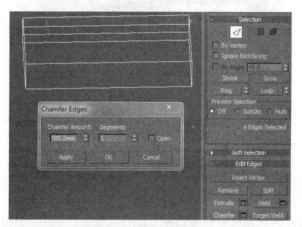

图 2-318　制造窗户

(5)按照(3)、(4)两个步骤的制作方法,制作出机房的大概线条图,包括窗户、门、黑板、一个承梁柱的线条,如图 2-319 所示。

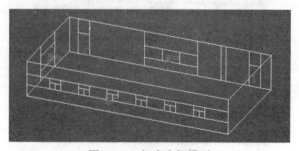

图 2-319　机房大概模型

（6）单击【编辑】面板上面的"Polygon"面层级，选择上面的窗户，使用"Extrude"【挤出】工具反向挤出 100 mm 窗户的轮廓，如图 2-320 所示。

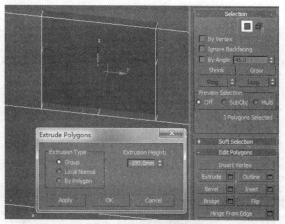

图 2-320　挤出窗户

（7）选中一片窗户，使用"Inset"【插入】工具制造出窗户边廓，如图 2-321 所示。

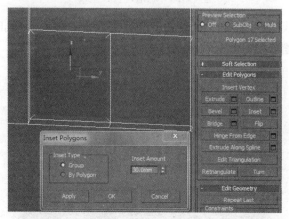

图 2-321　制造窗户轮廓

（8）使用上面方法一一制造出窗户、门和黑板所需轮廓，如图 2-322 所示。

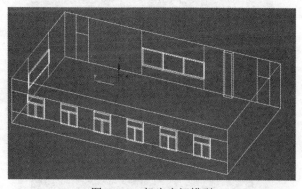

图 2-322　机房房间模型

2. 机房整体模型整合

（1）使用"Box"工具制造出机房所需的讲台、空调，放到合适大小，具体效果如图 2-323 所示。

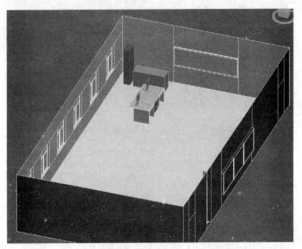

图 2-323　制造讲台、空调

（2）选中"电脑桌"模型，按住【Shift】键对模型进行复制，复制时选用"Instance"【实例复制】的方式，并摆放好电脑桌的位置，如图 2-324 所示。

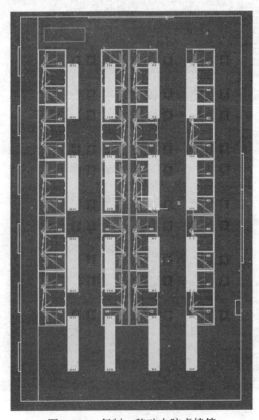

图 2-324　复制、移动电脑桌椅等

（3）机房整合后的模型效果如图 2-325 所示。

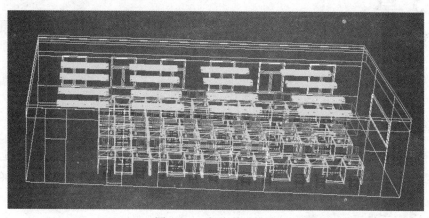

图 2-325　机房整合模型

第 3 章

材质与贴图

本章要点

本章主要介绍材质与贴图。一个优秀的作品,不仅仅需要良好的模型,材质也是至关重要的。材质可以赋予模型生命,是对模型的一种美工技术,使冰冷的模型表现出其该有的质感与色彩。通过本章节的学习,我们可以轻松地认识到材质和贴图处理的基础。

本章包括以下内容:
- 认识材质
- Standard(标准)材质
- VRay 材质

3.1　认识 Material(材质)

什么是材质？简单地说就是物体看起来是什么质地。材质可以看成材料和质感的结合。在渲染程式中,它是表面各可视属性的结合,这些可视属性是指表面的色彩、纹理、光泽度、透明度、反射率、折射率、发光度等。

在制作新材质时应遵循以下要求:确定材质名称；选择材质的类型；标准和光线追踪材质,要选择着色类型；设置光泽度、透明度、反射率、折射率和发光等参数；保存材质。

3.1.1　Material Editor(材质编辑器)

打开 3ds Max 软件,单击(M),弹出界面如图 3-1 所示。

"Material Editor"【材质编辑器】对话框分为四大部分:最顶端的为菜单栏,用于从中调出各种材质编辑工具；充满材质球的窗口为示例窗,默认只有 6 个,在示例窗右击可选择数字增多材质球；示例窗左侧和下部的两排按钮为工具栏,用于对材质进行控制操作；其余部分是参数控制区进行材质和贴图调节时最常用到的部分。

1. 菜单栏

菜单栏包括四个菜单,分别如下:

(1)材质菜单(Material):主要用来获取材质、从对象选取材质等。

(2)导航菜单(Navigation):主要用来切换材质或者贴图的层级。

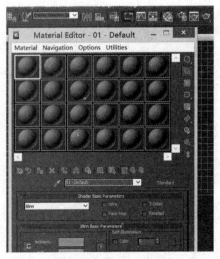

图 3-1　材质编辑器

(3) 选项菜单（Options）：主要用来更换材质球的显示背景。
(4) 使用程序菜单（Utilities）：主要用来清理多维材质，重置【材质编辑器】对话框等。
2. 工具栏
工具栏的详细介绍如下：
(1) ▧（获取材质）：可以从场景中的对象获取材质。
(2) ▧（将材质放入场景）：单击该按钮，用编辑或修改后的材质去更新场景中的对象材质，使用此命令需要满足两个条件：一是场景中对象材质的名称与当前编辑器的材质同名，二是活动示例窗中的材质不是热材质。
(3) ▧（将材质指定给选中的对象）：使用"将材质指定给选中的对象"功能，可以将活动示例窗中的材质应用于场景中所选定的对象。当场景中存在具有相同名称的材质时，单击此按钮，会弹出以下对话框，可以将材质重新命名或者更换，如图 3-2 所示。
(4) ▧（重置材质）：单击该按钮，重新设置当前示例窗口中的材质和贴图，如图 3-3 所示。

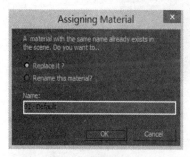
图 3-2　材质重命名

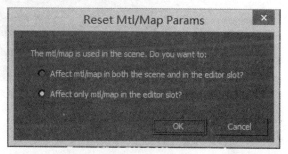
图 3-3　重置材质

(5) ▧（复制场景）：示例窗不再是热示例窗，但材质仍然保持其属性和名称。可以调整材质而不影响场景中的该材质。如果获得想要的内容，请单击【将材质放入场景】按钮，可以更新场景中的材质，再次将示例窗改为热示例窗。
(6) ▧（使唯一）：可以使贴图实例成为唯一的副本，还可以使一个实例化的子材质成为唯一的独立子材质。它可以为该子材质提供一个新的材质名，如图 3-4 所示。子材质是多维/子对象材质中的一个材质。

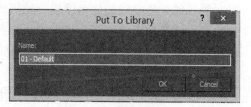
图 3-4　材质命名

(7) ▧（放入库）：可以将选定的材质添加到当前库中。
(8) ▧（材质 ID 通道）：在多数情况下，一个对象只能有一种类型的材质，但"材质 ID 通道"功能可以给一个对象的不同部分指定不同的材质，常配合 Video Post 视频合成器来产生发光及其他特殊效果。
(9) ▧在视口中显示标准贴图。
(10) ▧（显示最终效果）：主要应用于具有多维材质及多个层级的嵌套材料中。
(11) ▧（转到父对象）：仅当不在复合材质的顶级时，该按钮才可以使用。当告知该按钮不可用时，则处于材质顶级，并且在编辑字段中的名称与在"材质编辑器"标题栏中的名称相匹配。

（12）：单击该按钮，可以将场景中对象的材质重新取回到示例窗口中。如果示例窗口中与拾取的材质一样，将不会进行改变。

（13）`Material #1`（显示材质的名称）：将默认的名称选中后，可以输入新的名称。为材质命名是一个好的习惯，尤其是当材质比较多时，更应该如此。

3. 参数控制区

材质编辑器的活动界面的控制参数分门别类放置在许多栏目下，称之为卷展栏。其内容在不同的材质设置时会发生不同的变化。一种材质的初始设置是标准材质，其他材质类型的参数与标准材质的基本上大同小异，如图3-5所示。

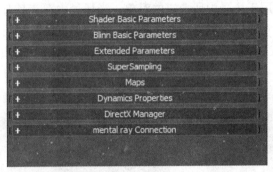

图3-5 材质参数

3.1.2 贴图的处理和 UV 的使用

贴图和材质是相辅相成的，如果只有材质没有贴图，物体表面的颜色和图案只会显得过于单调，所以在使用材质的同时，往往也需要运用各种各样的贴图，以便制作出更加精美的物体。下面介绍贴图的处理和 UV 的使用。

1. 贴图的处理

照片的采集必须选好角度进行拍摄，拍照时应注意光线，尽量不要有阴影，使模型更具真实性，注意拍摄的角度，尽量拍正，方便后期的贴图处理。将拍摄好的照片及时按照周围环境进行分类，并且进行规则命名，以防止照片的混乱。

2. 使用 UV

3ds Max 对于位图和贴图来说使用的是 UVW 坐标空间，UVW 坐标即表示贴图的比例。

在默认状态下，每创建一个对象，系统都会为它指定一个基本的贴图坐标。如果需要更好地控制贴图坐标，可以切换至【修改】面板，然后选择修改器列表。其中经常使用的贴图坐标修改器有两个，分别是 UVW Map 和 Unwrap UVM。

UVW Map：主要用于较规则的几何体上。面板显示如图3-6所示。

（1）Mapping（贴图）：确定所使用到的贴图坐标的类型，以及贴图坐标的大小和平铺。

（2）Channel（通道）：每个对象最多可拥有 99 个 UVW 贴图坐标通道，默认的贴图通道为 1，`UVW Mapping`【UVW 贴图】可以向任何通道发送坐标，这样一来就允许在同一个面上同时存在多组坐标。

（3）Alignment（对齐）：用于设置贴图坐标对齐的方式。

图 3-6 UV 坐标

（4）Display（显示）：用于设置贴图的接缝是否在视口中显示。

（5）Unwrap UVW：修改器主要用于复杂的几何体上，后面章节里会详细讲解使用方法。

3.1.3 UVW Map（贴图坐标）的应用——房子场景的贴图部分（地面、房顶）

本小节主要介绍大面积模型的贴图方法，即需要添加贴图坐标，同时进行平铺的贴图方法。

1. 对模型的面进行分离操作

（1）将模型在场景中打开，单击■【面】进入面级别，选中模型中的面，接着单击【修改】面板中的 Detach 【按钮】，在弹出的对话框中为分离面起名为"dimian"，效果如图 3-7 所示。

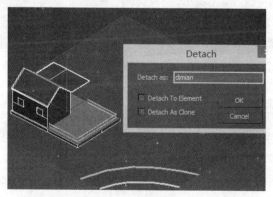

图 3-7 分离地面

（2）使用同样的方法分离出名为"xiaolu1""xiaolu2"和"xiaolu3"的面，如图 3-8 所示。

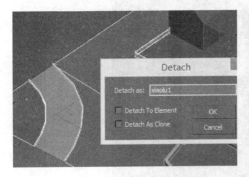
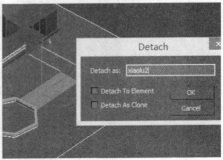
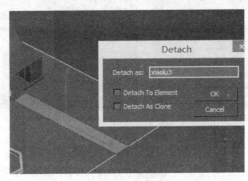

图 3-8　分离路

（3）将其他的面使用同样的方法命名，并将剩下的部分附加到一起，命名为"caodi"，如图 3-9 所示。

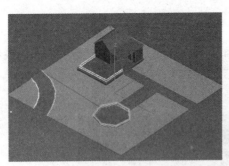

图 3-9　分离草地

2. 地面贴图

（1）将贴图导入材质球中，再在场景中选中"dimian"的模型，单击所要的材质球，接着单击面板中的 【应用】按钮，模型的最终效果如图 3-10 所示，并单击 【修改】面板，为贴图添加 UVW Map，贴图效果及参数如图 3-10 所示。

（2）使用同样方法为"caodi"模型添加贴图，并添加 UVW Map，调整贴图的效果。所有的模型及参数如图 3-11 所示。

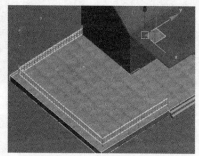

图 3-10 地面图坐标

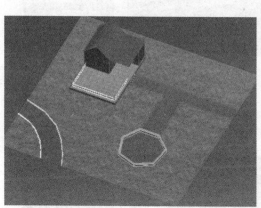

图 3-11 草地图坐标

（3）将小路贴图导入材质球中，再选中"xiaolu2"和"xiaolu3"的模型（可以先附加在一起），然后单击所要的材质球，接着单击面板中的 【应用】按钮，模型的最终效果如图 3-12 所示，并单击 【修改】面板，为贴图添加 UVW Map，贴图效果及参数如图 3-12 所示。

（4）其他的使用同样的方法，效果及参数如图 3-13～图 3-17 所示。

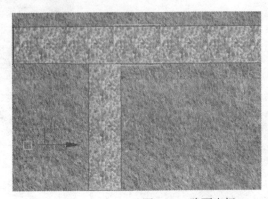

图 3-12 路面坐标

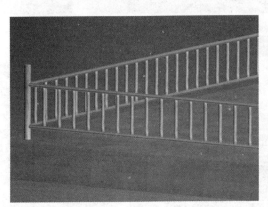

图 3-13 栏杆坐标

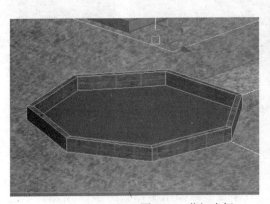

图 3-14 花坛坐标

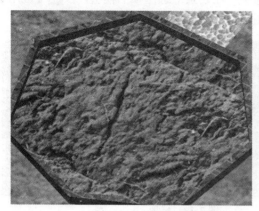

图 3-15　土的坐标

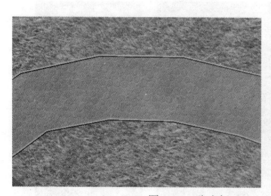

图 3-16　路坐标

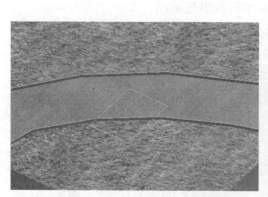

图 3-17　路牙坐标

3. 房顶贴图

（1）将瓦片的贴图导入材质球中，在场景中选屋顶的模型，按 【应用】按钮，将贴图应用于"wuding"模型，效果如图3-18所示。

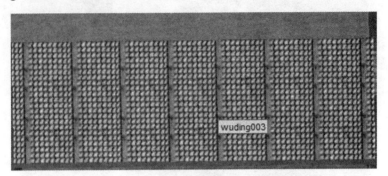

图3-18　屋顶

（2）单击 【修改器】为贴图添加"UVW Xform"【贴图坐标】，调整贴图的方向，即"Rotation"改为90，并调整其他参数，效果如图3-19所示。

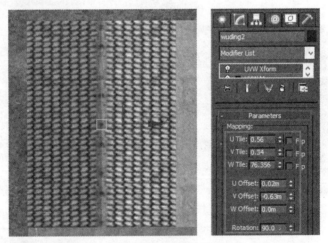

图3-19　屋顶坐标

地面和屋顶贴图完成后的效果如图3-20所示。

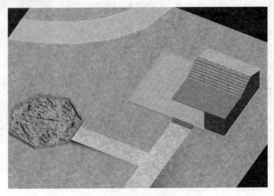

图3-20　地面、屋顶效果

3.2　Standard（标准）材质

标准材质是 3ds Max 中使用最多的材质类型。它模拟了物体的表面颜色，赋予了模型直观的反射效果，标准材质如图 3-21 所示。

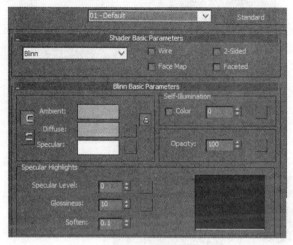

图 3-21　标准材质

下面介绍常用参数：
- Wire（线框复选框）：用线框模式着色，显示物体结构；
- 2-Sided（双面复选框）：模型进行双面着色；
- Face Map（面贴图复选框）：以模型的面进行贴图；
- Faceted（面状复选框）：具有块状着色的效果。
- Ambient（环境光）：设置材质在阴影中的颜色；
- Diffuse（漫反射）：设置材质位于直射光中的颜色，材质的主要颜色；
- Specular（高光反射）：设置材质高亮显示的颜色；
- Self-Illumination（自发光）：定义材质的本身亮度，如日光灯；
- Opacity（不透明度）：设置材质的不透明度；
- Specular Level（高光级别）：控制反射高光的强度；
- Glossiness（光泽度）：控制镜面高亮区域的大小。

3.2.1　普通贴图——房子场景的贴图部分（门窗、台阶）

（1）在场景中将小房子门窗等面分离出来，分别命名为"chuang1""chuang2""men1""men2"，效果如图 3-22 所示。

（2）选中小楼梯的面，使用步骤（1）同样的方法分离出小楼梯的面，起名为"louti"，效果如图 3-23 所示。

（3）在弹出的对话框中单击"Standard"【标准材质】下的"Bitmap"【贴图】按钮，选择想要的贴图，并为材质球标准命名，最终效果如图 3-24 所示。

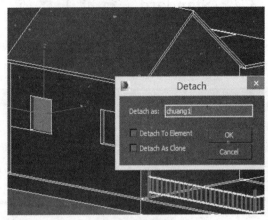

图 3-22 分离面

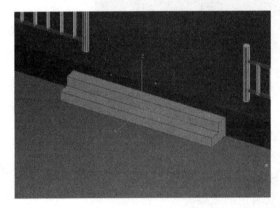
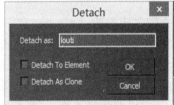

图 3-23 台阶面分离

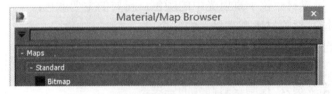

图 3-24 贴图导入标准步骤

（4）单击上面的工具栏中的 选择刚才命名的模型，如图 3-25 所示。

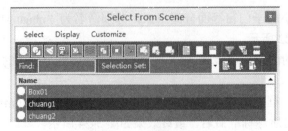

图 3-25 名称列表

(5) 单击所要的材质球, 接着单击面板中的 【应用】按钮, 并单击 【修改】面板, 为贴图添加 UVW Map, 贴图效果及参数如图 3-26 所示。

图 3-26 窗户效果

(6) 使用同样方法为门添加贴图, 并添加 UVW Map, 调整贴图的效果, 如图 3-27 所示。

图 3-27 门效果

(7) 在场景中选中台阶的模型, 将台阶的贴图导入材质球中, 接着单击面板中的 【应用】按钮, 并单击 【修改】面板, 为贴图添加 UVW Map, 贴图效果及参数如图 3-28 所示。

图 3-28　台阶效果

3.2.2　透明贴图材质——房子场景的贴图部分（绿化）

(1) 单击【创建】面板中的"Plane"【面片】，设置其参数，如图 3-29 所示。

图 3-29　创建树模型

(2) 回到顶视图中，按【Shift】键复制一个，调整位置，并将两个面片附加到一起，效果如图 3-30 所示。

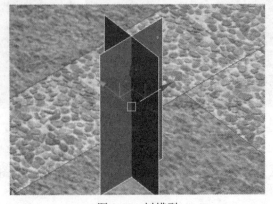

图 3-30　树模型

（3）将树的透明贴图导入材质球中，按【应用】按钮将贴图应用于面片上，"Diffuse"【漫反射】的【M】按钮拉动到"Opacity"后的按钮上，在弹出的对话框选中"Copy"【复制】并单击【OK】按钮，接着单击"Opacity"旁边的【M】按钮，如图3-31所示；弹出菜单栏勾选"Apply"【应用】和"Alpha"【通道】，如图3-32所示。

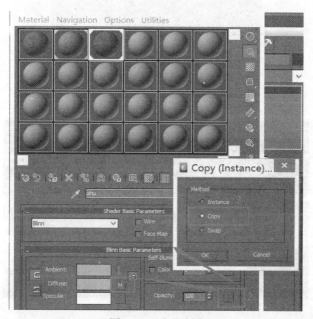

图3-31 透明贴图

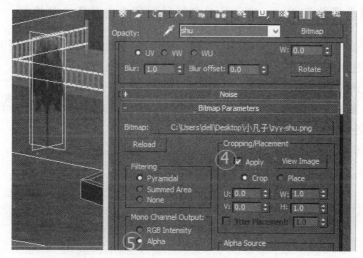

图3-32 透明贴图

（4）最终树的贴图效果如图3-33所示。
（5）在场景中复制树，调节树的大小方向，效果如图3-34所示。

图 3-33　树的透明贴图

图 3-34　绿化整体效果

3.2.3　无缝贴图的应用——房子场景的贴图部分（水泥墙、砖墙）

无缝贴图主要分为没有纹理（如水泥墙、路面）和有纹理（有砖墙、有图案的背景墙）的两种，本小节主要通过实例介绍这两种贴图的处理和实现方法。

1. 水泥墙无缝贴图处理

（1）采集的图片（未处理）由于受光影、纹理等因素的影响有些是不能直接使用的，而要经过 PS 专业处理才能够使用，如图 3-35 所示。

图 3-35　未处理的贴图

第 3 章 材质与贴图

（2）打开 PS 软件，将图片导入其中，使用 ▭【矩形选框工具】对图片纹理比较平滑且不受光线影响、无色差的部分进行选取，效果如图 3-36 所示。

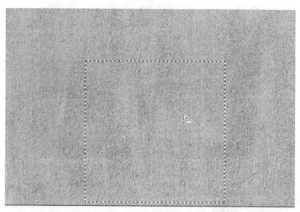

图 3-36 挑选合适区域

（3）对所选择的区域进行复制，再新建一个画布，长和宽的值都是 512 像素（注：长、宽都为 2 的 n 次方），效果如图 3-37 所示。

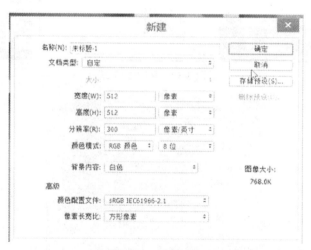

图 3-37 新建画布

（4）对复制的选区进行复制，并调整其大小，如果对贴图的效果满意，可以进行保存，效果如图 3-38 所示。

（5）如果对贴图的效果不满意，可以对图片进行下一步的处理，按【Ctrl】+【J】组合键对图层进行复制。单击工具栏中的【滤镜】找到【位移】工具；单击位移工具，设置水平值为 256，垂直值为 256；并为新的图层添加蒙版，如图 3-39 所示。

（6）使用 ✏【画笔】工具对图片中的纹理进行调整，也可以通过【亮度对比度】调整图片的亮度，效果如图 3-40 所示。

图 3-38　贴图处理 1

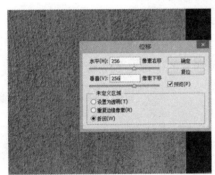

图 3-39　贴图处理 2

图 3-40　使用画笔工具处理

（7）最终处理好的效果如图 3-41 所示。

2. 砖墙无缝贴图处理

（1）砖墙的处理，首先将采集的砖墙图片导入 PS 中，选取亮度比较均匀的部分利用　　【矩形选框】工具进行选取，效果如图 3-42 所示。（注：选取的上下、左右都可以合成一个完整的砖）。

图 3-41 水泥墙调整效果

图 3-42 选取区域

（2）对选框中的部分进行复制，新建一个画布，长和宽的值都是 512 像素（注：长、宽都为 2 的 n 次方），进行粘贴，调整大小，效果如图 3-43 所示。

（3）通过【标尺】工具及【位移】工具精确地调整贴图的形状，如图 3-44 所示。

图 3-43 调整大小

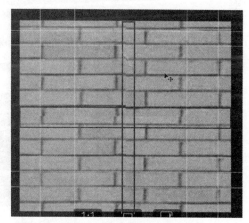
图 3-44 位移效果

（4）可以通过 【矩形选框】工具选择合适的区域进行复制，调整有裂缝的地方，效果如图 3-45 所示。

（5）最终效果如图 3-46 所示。

图 3-45 位移调整

图 3-46 砖墙调整后贴图

3. 墙面的分离

（1）将模型在场景中打开，单击■【面】进入面级别，选中模型中的面，单击【修改】面板中的 Detach 【按钮】，在弹出的对话框中未分离出的面起名为"hongzhuanqiang"，效果如图3-47所示。

图 3-47　墙面分离效果

（2）使用同样的方法将水泥墙的面分离出来，命名为"shuiniqiang"，效果如图3-48所示。

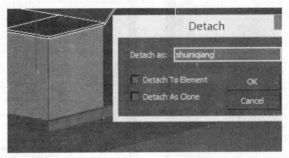

图 3-48　墙面分离

（3）使用同样的方法将水泥顶分离出来，命名为"shuiniding"，效果如图3-49所示。

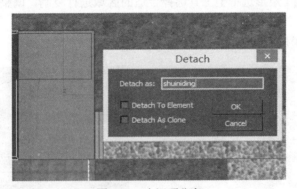

图 3-49　水泥顶分离

4. 墙面的贴图实现

（1）将水泥墙的贴图导入材质球中，在场景中选中"shuiniqiang"的模型，按 【应用】按钮，将贴图应用于场景，并添加 UVW Map，调整贴图的效果，效果及参数如图3-50所示。

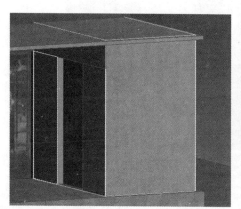

图 3-50 水泥墙效果

（2）将水泥顶的贴图导入材质球中，在场景中选中"shuiniding"的模型，按 【应用】按钮，将贴图应用于场景，并添加 UVW Map，调整贴图的效果，效果及参数如图 3-51 所示。

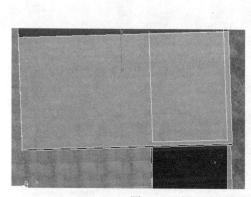

图 3-51 水泥顶效果

（3）将处理好的红砖墙的贴图导入材质球中，在场景中选中"hongzhuanqiang"的模型，按 【应用】按钮，将贴图应用于场景，效果如图 3-52 所示。

（4）单击【创建】面板中的"Box"【长方体】并勾选"AutoGird"，使得创建的长方体附在墙体的表面，并在 【修改器】中修改参数（实际砖块的大小 235 mm×115 mm×53 mm），并为贴图添加 UVW Map，调整参数使得红砖墙的大小和所创建的长方体大小吻合，效果如图 3-53 所示。

图 3-52　砖墙贴图

图 3-53　实际砖块参照物

（5）墙面的无缝贴图最终完成效果如图 3-54 所示。

图 3-54　墙面的无缝贴图效果

3.3 VRay 材质

VRay 是由 chaosgroup 和 asgvis 公司出品，中国由曼恒公司负责推广的一款高质量渲染软件。VRay 是目前业界最受欢迎的渲染引擎。VRay 渲染器提供了一种特殊的材质——VRayMtl（VRay 材质），在场景中使用该材质能够获得更加准确的物理照明（光能分布），更快地渲染，反射和折射参数调节更方便。VRay 渲染器是目前比较优秀的渲染软件。利用全局光照系统模拟真实世界中的光的原理渲染场景中的灯光，尤其在室内外效果图制作方面，VRay 几乎可以算得上是速度最快、渲染效果极好的渲染软件。VRay 材质如图 3-55 所示。

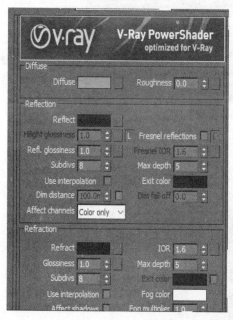 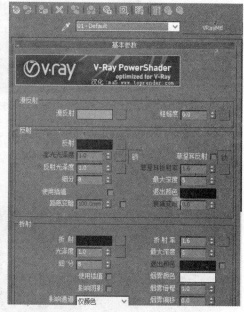

图 3-55　VRay 材质中英文对照

下面介绍常用参数：

（1）Diffuse（漫反射）：决定物体表面的固有色，通过选择色块，可以调节物体自身的颜色。

- Reflection（反射）：颜色越白反射越亮，越黑反射越弱。
- Hilight glossiness（高光光泽度）：控制高光点的大小。
- Refl. glossiness（反射光泽度）：控制反射中的模糊程度。
- Subdivs（细分）：控制反射的品质。
- Fresnel reflections（菲涅耳反射）：反射受到角度的影响。

（2）Refraction（折射）：颜色越白物体越透明，越黑物体越不透明。

- IOR（折射率）：控制材质的折射率，恰当的值可以调出很好的折射效果。
- Fog color（烟雾色）：用雾来填充折射的物体，这是使用雾的颜色。

➢ Fog Multiplier（烟雾倍增）：值越大，光线穿过物体的能力越差。

（3）Translucency（半透明度）：设置材质的半透明效果。

3.3.1 陶瓷材质

（1）打开或者自己创建几个餐盘和茶杯（Teapot），如图3-56所示。

图3-56　场景素材

（2）打开材质球，单击材质球面板右边的"Standard"，如图3-57所示。

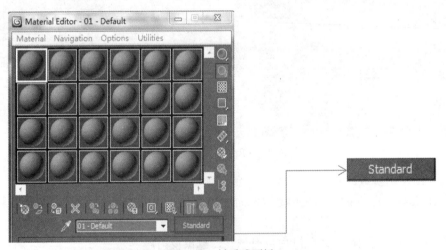

图3-57　材质球面板

（3）单击之后便会出现选择的界面，找到"VRayMtl"并双击，然后材质球便会变成VRay材质球，关于陶瓷材质具体设置如图3-58所示。

设置步骤：

① 设置【漫反射】（Diffuse）颜色为白色。

② 设置【反射】颜色为（红：131，绿：131，蓝：131），勾选【菲涅耳反射】选项，【细分】设置为12。

图3-58 参数视图

③ 设置【折射】颜色为（红：30，绿：30，蓝：30），【光泽度】设置为0.95。

④ 设置【半透明】的【类型】为"硬（蜡）模型"，然后设置【背面颜色】为（红：255，绿：255，蓝：243），并设置【厚度】为0.05 mm（注意此处系统单位要设置成毫米）。

⑤ 陶瓷表面有粗糙感，这就需要将【贴图卷】点开，找到【凹凸】，在后面的【None】中添加凹凸贴图即可，如图3-59所示。

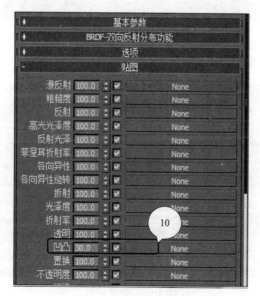

图3-59 添加凹凸贴图

⑥ 添加完成后，将材质球赋给模型即可，渲染如图 3-60 所示。

图 3-60　陶瓷渲染效果

3.3.2　不锈钢材质

不锈钢材质效果如图 3-61 所示。

图 3-61　不锈钢材质效果

（1）打开场景文件，如图 3-62 所示。

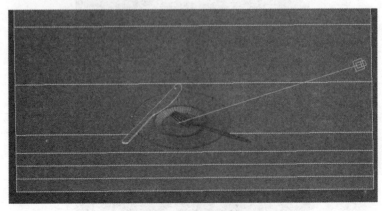

图 3-62　场景素材

（2）选择一个空白材质球，设置材质类型为 VRayMtl 材质，命名为"不锈钢"，具体的设置如图 3-63 所示。

图 3-63　参数视图

设置步骤：

① 设置【漫反射】颜色为黑色。

② 设置【反射】颜色为（红：192，绿：197，蓝：205），然后设置【高光光泽度】为 0.75，【反射光泽度】为 0.83，【细分】为 30。

③ 将制作好的材质指定给场景中的模型，然后渲染当前场景，最终渲染效果如图 3-64 所示。

图 3-64　不锈钢材质渲染效果

3.3.3　玻璃材质

玻璃材质效果如图 3-65 所示。

图 3-65 玻璃材质效果

玻璃材质球的模拟效果如图 3-66 所示。

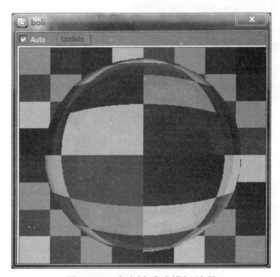

图 3-66 玻璃材质球模拟效果

（1）打开制作好的场景素材，如图 3-67 所示。

图 3-67 场景素材

（2）选择一个空白材质球，设置材质类型为 VRayMtl 材质，【基本参数】卷展栏里的具体参数设置如图 3-68 所示。

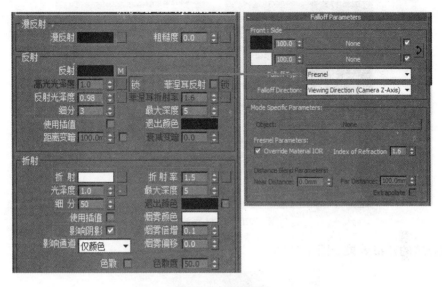

图 3-68 参数视图

设置步骤:

① 设置【漫反射】颜色为黑色。

② 在【反射】贴图通道中加载一张【衰减】程序贴图,然后在【衰减参数】卷展栏下设置【衰减类型】为 Fresnel,接着设置【反射光泽度】为 0.98、【细分】为 3。

③ 设置【折射】颜色为(红:252,绿:252,蓝:252),然后设置【折射率】为 1.5、【细分】为 50、【烟雾倍增】为 0.1,接着勾选【影响阴影】选项。

④ 将制作好的材质指定给场景中的模型,然后渲染当前场景,最终效果如图 3-69 所示。

图 3-69 玻璃材质渲染效果

3.3.4 水材质

水材质的效果如图 3-70 所示。

图 3-70　水材质效果

水材质球的模拟效果如图 3-71 所示。

图 3-71　水材质球模拟效果

（1）打开做好场景素材，如图 3-72 所示。

图 3-72　场景素材

（2）选择一个空白材质球，设置材质类型为 VRayMtl 材质，具体参数设置如图 3-73 所示。

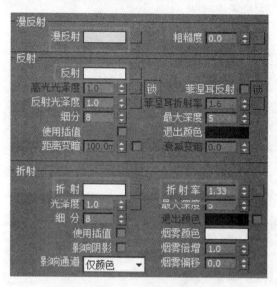

图 3-73　参数视图

设置步骤：

① 设置【漫反射】颜色为（红：186，绿：186，蓝：186）。

② 设置【反射】颜色为白色。

③ 设置【折射】颜色为白色，然后设置【折射率】为 1.33。

④ 将制作好的材质指定给场景中的模型，然后渲染当前场景，最终渲染效果如图 3-74 所示。

图 3-74　水材质渲染效果

3.3.5　水晶材质

用 VRayMtl 材质制作水晶材质，水晶材质效果如图 3-75 所示。

图 3-75　水晶材质效果

（1）打开做好的场景素材，如图 3-76 所示。

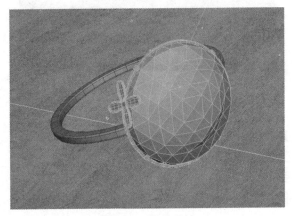

图 3-76　场景素材

（2）制作水晶材质。选择一个空白材质球，然后设置材质类型为 VRayMtl 材质，接着将其命名为"水晶"，具体参数设置如图 3-77 所示，材质球模拟效果如图 3-78 所示。

图 3-77　参数视图

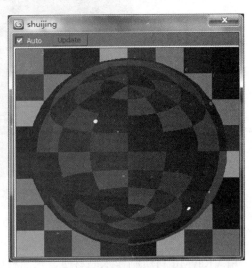

图 3-78　水晶材质球模拟效果

设置步骤：

① 设置【漫反射】颜色为白色。

② 设置【反射】颜色为（红：72，绿：72，蓝：72），然后设置【高光光泽度】为 0.95、【反射光泽度】为 1.0、【细分】为 52。

③ 设置【折射】颜色为白色，然后设置【细分】为 52，接着设置【烟雾颜色】（红：138，绿：107，蓝：255），最后设置【烟雾倍增】为 0.05。

④ 将制作好的材质指定给场景中的模型，渲染当前场景，最终效果如图 3-79 所示。

图 3-79　水晶材质渲染效果

3.3.6　镜子材质

用 VRayMtl 材质制作镜子材质，镜子材质效果如图 3-80 所示。

图 3-80　镜子材质效果

（1）打开做好的场景素材，如图 3-81 所示。

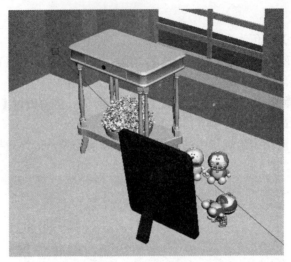

图 3-81　场景素材

（2）选择一个空白材质球，设置材质类型为 VRayMtl 材质，将其命名为"镜子",【基本参数】卷展栏里的具体参数设置如图 3-82 所示。

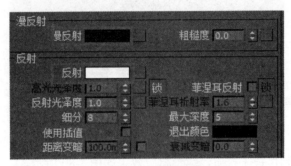

图 3-82　参数视图

设置步骤：
① 设置【漫反射】颜色为（红：24，绿：24，蓝：24）。
② 设置【反射】颜色为（红：239，绿：239，蓝：239）。
③ 将制作好的材质指定给场景中的模型，渲染当前场景，最终效果如图 3-83 所示。

图 3-83　镜子材质渲染效果

3.4 Unwrap UVW（展开 UV）贴图材质

在场景中选取的默认模型如正方体、圆柱体、茶壶等这些模型，其本身就自带 UV 坐标，用户可以直接在材质编辑器中加入材质，再加上贴图就可以了，比较简单。但实际在做模型时，尤其是做角色模型时，往往是不规则和复杂的模型，这时 3ds Max 中就不能自动指定 UV 坐标了。想给人物在眼眶上面画眉毛，就必须给模型指定 UV 坐标，俗称"展 UV"。如果不展 UV，则在给模型加贴图时，会发现贴图在模型上面是乱七八糟的，根本找不到眉毛在什么地方。如果用户给这个模型在修改器列表中按"U"找到"Unwrap UVW"修改器，就会出现模型 UV 编辑的操作界面，然后就可以像整理衣服一样，一点一点地把整个模型铺好、展平，再加入贴图时，就会准确地知道眉毛的位置了，在模型身上的贴图搜索也很整齐地在模型身上了。

展开 UV 就是把平面图贴在立体的模型上，让立体的模型上的贴图坐标变成展开的。通俗来讲，展开 UV 是把 3D 模型经过划分和处理为平面图，然后就可以导出到平面软件中画贴图。例如：一个立体包装盒，若想要在上面贴一张图，把这个立体包装盒展开成平面的然后再贴就可以了。图 3-84 就是展开的图，把它贴到 Box 上。

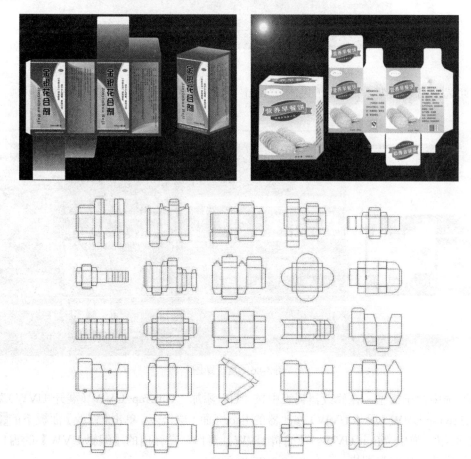

图 3-84 盒子展开效果

注意：如果图像与表面形状不同，自动缩放就会改变图像的比例以吻合表面。这通常会产生不理想的效果，所以制作贴图前需要先测量物体尺寸。

（1）打开 3ds Max 文件，这是一个做好的盒子模型，如图 3-85 所示。下面来学习展开 UV 的两种使用方法，即手动贴面和缝合贴面。

注意：这里对简单盒子贴图进行讲解，以便了解展开 UV 的概念和使用方法，更多的知识将在第 7 章的"室外古建"和"校园场景"里的贴图再详细讲解。

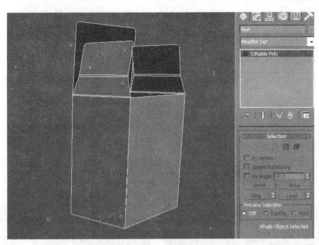

图 3-85　盒子模型

（2）选中盒子模型，把相应的贴图"hezi"添加到盒子模型上，如图 3-86 所示。

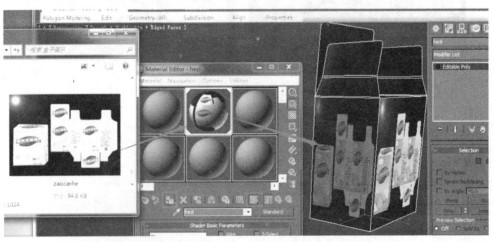

图 3-86　盒子贴图

（3）选中盒子模型，在修改器列表中按"U"添加"Unwrap UVW（展开 UVW）"修改器。在 Unwrap UVW（展开 UVW）修改器的 Face（面）层级下，单击【修改】面板下的【编辑】按钮，弹出"Edit UVWs"【编辑 UVW】窗口。在弹出的【编辑 UVW】的窗口里显示贴图并隐藏蓝色背景网格，具体如图 3-87 所示。

第 3 章 材质与贴图

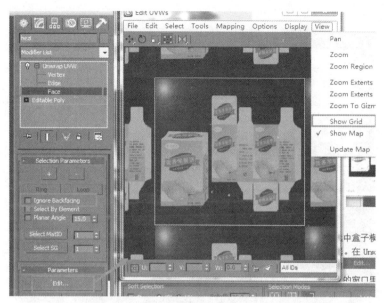

图 3-87 展开 UVW

（4）单击【修改】面板下的 ■ Ignore Backfacing （忽略背面），把勾选去掉，如图 3-87 所示。然后选中模型，在面的子层级下，框选所有的面，在【编辑 UVW】窗口里单击 "Mapping"【贴图】下拉菜单的 "Flatten Mapping"【展平贴图】子菜单，各面展平后的效果如图 3-88 所示。

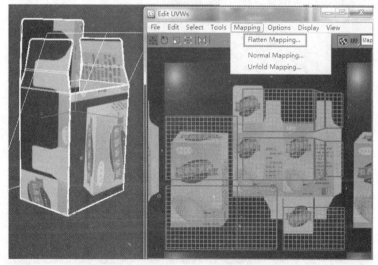

图 3-88 展平贴图

1．手动调面贴图

（1）展平贴图后，模型上的每个面都自动打断成独立的面。选中如图 3-88 所示的正面，单击 "Edit UVWs"【编辑 UVW】窗口下的 ◢【过滤选定面】按钮，使其呈 ◢ 状，然后选择 ▦ 即（"Freeform Mode"【自由变形】）工具，通过旋转、缩放来调整其位置，细微处可以切换到点层级进行调整，完成后效果如图 3-89 所示。

图 3-89 调整正面

（2）选中如图 3-88 所示的侧面，通过上一步相同的方法，旋转、缩放调整其位置，完成后如图 3-90 所示。

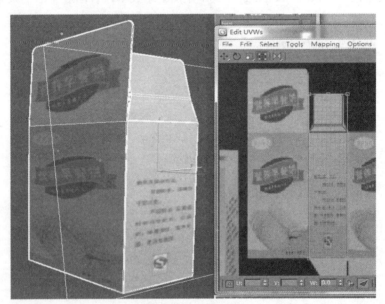

图 3-90 侧面贴图

（3）其他面用相同的方法完成贴图，其中另一相正面和侧面也可以通过复制方法实现（如选贴图的正面下部分，右击选"Copy"，然后选需要贴图的另一个正面，右击选"Paste"，这样可以完全复制前面贴图效果，如图 3-91 所示）。所有贴图完成后的效果如图 3-92 所示。

第3章 材质与贴图

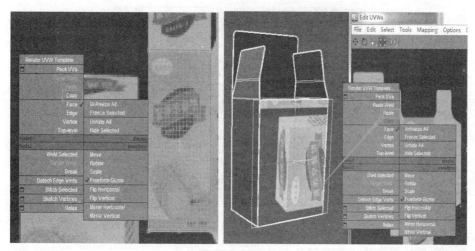

图 3-91 复制贴图

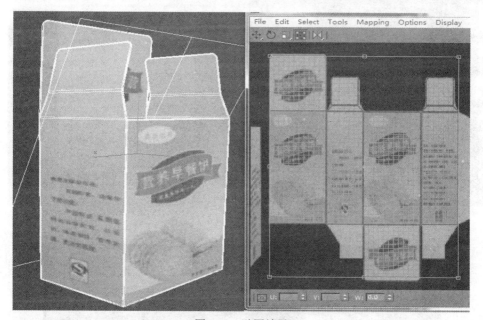

图 3-92 贴图效果

2. 缝合法贴图

（1）展平贴图后，把图 3-88 所示的面选中，逆时针旋转 90°，原则上贴图的所有面都放在蓝色框内，为了后期方便操作，先统一把所有的面移动到蓝色框外，如图 3-93 所示。

（2）选中模型的正面，移到蓝色框区域里，切换到线段级别（快捷键为数字 2），选中如图 3-94 所示的线段，此时会自动捕捉到和此线段相连的线段（呈现蓝色），如图 3-94 所示。

（3）在 UVW 编辑中，选择图 3-94 所示的菜单"Tools"（工具）的下拉菜单，选择"Stitch Selected"（缝合所选择的）子菜单，缝合后的效果如图 3-95 所示。

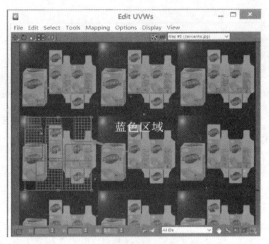

图 3-93 旋转面

注意：线段缝合方法比手动调整面片要更加准确严谨。

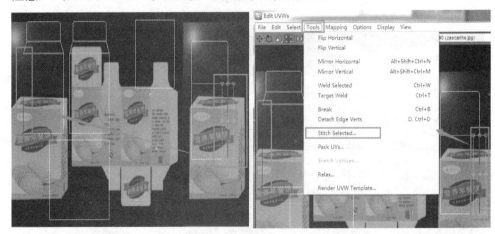

图 3-94 缝合线段

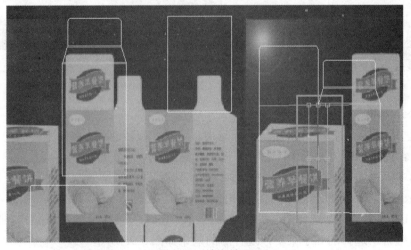

图 3-95 缝合效果

（4）用相同的方法，缝合其他的线段，全部缝合完成后，框选所有线段，选择 即"Freeform Mode"【自由变形】工具，通过旋转、缩放来调整其位置，细微处可以切换到点层级进行调整，调整完成后的效果如图3-96所示。

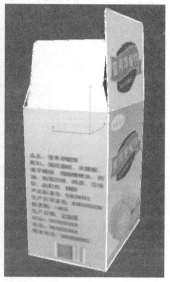

图 3-96　缝合后效果

第 4 章
室内外场景的灯光与摄像机

真实的光影能让物体呈现出三维立体感，灯光是视觉画面的一部分，没有灯光的世界将是一片黑暗，在三维场景中也是一样。即使有精美的模型、真实的材质、完美的动画，如果没有真实的灯光照射也毫无作用，由此可见灯光在三维场景中是至关重要的。

一个实际的项目流程如下：
- 创建三维模型（物体的真实模型）
- 加材质贴图（真实的质感和视觉效果）
- 打灯光与摄像机（真实光影效果，定点观察或浏览）
- 渲染出图

本章主要介绍 3ds Max 的灯光和摄像机。

4.1 摄像机的设置

摄像机在制作场景时也是至关重要的一个部分，决定着整个场景的构图，甚至画面的情感。比如在表现高大的正面人物时，常常使用仰视，这样便更加突出人物的正面性格。在表现正气凛然的形象时，便是采取的仰视角度。在本章中我们将简单地学习摄像机的相关知识，关于如何创建更加合适的摄像机角度，无法用少量的篇幅详尽地讲解，如果希望在构图或镜头上有所突破，可以多多翻看一些摄像作品和镜头类型的书籍，从专业的书籍中找到更多有关摄像机设置方法的知识，如图 4-1 所示。

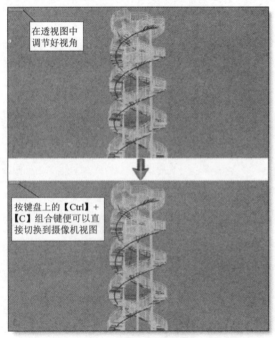

图 4-1　快速打开摄像机

创建摄像机的方法非常简单，经常用到的方法有两种，一种是在透视图中调整好角度，然后按键盘上的【Ctrl】+【C】组合键即可把透视图直接转换为摄像机视图（快速打开摄像机）。

另外一种方法与创建灯光的方法相同。在【修改】面板中依次单击"Create"【创建】|"Camera"【摄像机】按钮，摄像机的类型有两种，Target（目标）摄像机和 Free（自由）摄像机。创建 Target（目标）摄像机时先拖曳出摄像机物体，然后再放置到目标点的位置；创建 Free（自由）摄像机时，则创建出来的 Free（自由）摄像机的视角与激活视图垂直。

创建摄像机方法如图 4-2 所示。

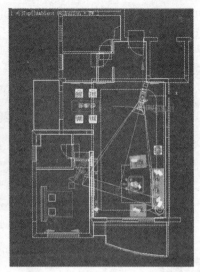

图 4-2　创建摄像机

4.2　3ds Max 的灯光介绍

灯光在 3D 的创作过程中起着很重要的作用，一个好的灯光设置，可以弥补模型和材质上的一些缺陷；反之，错误的灯光设置则会白白浪费在模型和材质方面的努力。灯光有助于 3D 作品情感的表达，运用光线的表现手法，塑造人物形象或景物形象，使之达到作品内容所要求的艺术效果。

本小节的灯光主要有三种：

（1）光度学灯光（Photometric）：典型的室内（光域网）应用。

（2）标准灯光（Standard）：灯光简单，主要用于室外灯光、补光或球形灯。

（3）VRay 灯光（VRay）：光线效果好，主要适用于室内灯光。

1. 3ds Max 灯光的种类

在 3ds Max 灯光【创建】面板中可以找到两种类型的灯光：标准灯光和光度学灯光。所有灯光类型在视图中显示为灯光对象。标准灯光是基于计算机的对象，是模拟灯光，如家用或办公室灯、舞台和电影工作室使用的灯光设备，以及太阳光本身。不同种类的灯光对象可用不同的方式投射灯光，用来模拟真实世界不同种类的光源。与光度学灯光不同，标准灯光不具有基于物理的强度值，如图 4-3 所示。

提示：3ds Max 的灯光创建面板中默认灯光类型有两种：标准灯光（Standard）和光度学灯光（Photometric）。但在安装一些第三方渲染插件以后，会增加相应类型的灯光。例如，在安装 VRay 渲染插件以后，在灯光【创建】面板中就会多出 VRay 的灯光，如图 4-4 所示。

三维建模技术 3ds Max 项目化教程

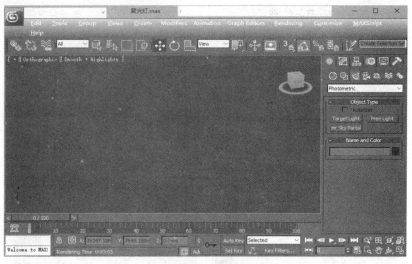

图 4-3 灯光面板

2. 灯光【创建】面板介绍

通过 3ds Max 的灯光【创建】面板可以为场景创建不同类型的灯光。在灯光【创建】面板中选择所需灯光，在视图中单击，即可建立一盏灯光物体。灯光创建以后可以使用移动、旋转和缩放等工具对灯光的位置与大小进行调整，如图 4-5 所示。

图 4-4 灯光类型

在灯光【创建】面板中选择不同的灯光类型，面板中会列出相应的灯光列表，其中 Standard（标准灯光）类型中有：Target Spot（目标聚光灯）、Free Spot（自由聚光灯）、Target Direct（目标平行光）、Free Direct（自

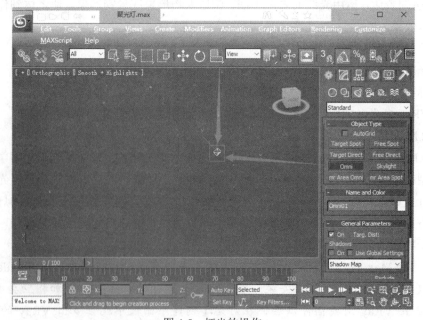

图 4-5 灯光的操作

由平行光)、Omni（泛光灯）、Skylight（天光）、mr Area Omni（mr 区域泛光灯）和 mr Area Spot（mr 区域聚光灯）；Photometric（光度学灯光）类型中有：Target Light（目标灯光）、Free Light（自由灯光）、mr Sky Portal（mr 天光入口），如图 4-6 所示。

3. 灯光【属性】面板

灯光创建以后，可以随时通过灯光的【属性】面板对灯光参数进行调整。在视图中选择需要修改的灯光物体，然后在 3ds Max 的【命令】面板中单击可打开灯光【属性】面板。灯光的参数很多，而且不同的灯光面板中的参数也会有一些区别，下面以 Omni【泛光灯】为例进行介绍，如图 4-7 所示。

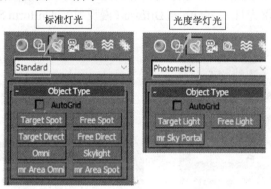

图 4-6　灯光类型

图 4-7　灯光【属性】面板

（1）General Parameters（常规参数）：用于对灯光启用或禁用投射阴影，并且选择灯光使用的阴影类型。

（2）Intensity/Color/Attenuation（灯光/颜色/衰减参数）：可以设置灯光的颜色和强度，并可以定义灯光的衰减。

（3）Advanced Effects（高级效果）：提供影响灯光影响曲面方式的控件，也包括很多微调和投影灯的设置。

（4）Shadow Parameters（阴影参数）：所有灯光类型［除了 Skylight（天光）和 IES Sky（IES 天光）］和所有阴影类型都具有【阴影参数】卷展栏。使用该选项可以设置阴影颜色和其他常规阴影属性。使用该选项可以设置阴影颜色和其他常规阴影属性。

（5）Atmoshperes & Effects（添加大气或效果）：可以将大气或渲染效果与灯光相关联。

（6）mental ray Indirect Illumination（mental ray 间接照明）：提供了使用 mental ray 渲染器照明行为的控件。卷展栏中的设置对使用默认扫描线渲染器或高级照明（光跟踪器或光能传递解决方案）进行的渲染没有影响。

（7）mental ray Light Shader（mental ray 灯光着色）：为选定的灯光添加 mental ray 渲染器所特有的灯光 Shader（着色）。

4.3　Photometric（光度学）灯光

"光度学"灯光是系统默认的灯光，主要用于室内，其中光域网是最典型的应用，模拟筒灯、射灯、壁灯等。

4.3.1 Target Light（目标灯光）开启与设置

灯光的开启：打开"Target Light"【目标灯光】，如图 4-8 所示。

灯光的设置：

1. General Parameters（基本参数）

General Parameters（基本参数）分为三部分：Light Properties（灯光属性）、Shadows（阴影）、Light Distribution（Type）（灯光分布类型）。如图 4-9 所示。

Light Distribution（Type）（灯光分布类型）：描述灯光发射的光源的方向分布。分别有：Photometric Web（光域网）、Spotlight（聚光灯）、Uniform Diffuse（漫反射）、Uniform Spherical（等向），如图 4-10 所示。

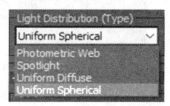

图 4-8　灯光的开启　　　图 4-9　基本参数　　　图 4-10　灯光分布类型

2. Intensity/Color/Attenuation（强度/颜色/衰减）

（1）Color（颜色）选项组。

灯光下拉列表框：可从选择预定义的标准灯光来设定灯光的颜色，如荧光灯、水银等或氙灯等。通过改变色温参数旁的样本值也可影响所选择的灯光颜色。

Kelvin（开尔文）：通过调整色温参数来设置灯光颜色。调节 Kelvin 值，相应的灯光颜色将显示在右侧的颜色样本中。

Fillter Color（过滤颜色）：使用颜色过滤器来模拟放在灯前的彩色滤光纸的效果，通过改变旁边颜色样本值来调节，默认为白色。

（2）Intensity（强度）选项组。

Lm（流明）单位：测量整个灯光的输出功率。如一个 100 W 的灯泡大约 1 750 lm 的光通量。

Cd（坎德拉/烛光）单位，测量灯光的最大发光强度。一个 100 W 的灯泡大约 139 cd。

Lx at（勒克斯）：测量由灯光引起的照度，是国际场景单位，等于 1 lm/m^2。

Multiplier（倍增器）：用来设置灯光的强度。

4.3.2 光域网制作射灯

Photometric Web（光域网）制作射灯效果如图 4-11 所示。

（1）打开"Target Light"【目标灯光】，如图 4-12 所示。

（2）设置"General Parameters"【基本参数】的"Light Distribution（Type）"【灯光分布

类型】为"Photometric Web"【光域网】,如图 4-13 所示。

图 4-11　射灯效果

图 4-12　目标灯光

图 4-13　参数

（3）设置"Distribution（Photometric Web）"参数为 1.IES,如图 4-14 所示。3ds Max 可以用 IES、CIBSE、LTLI 光域网文件,常用 IES 文件。

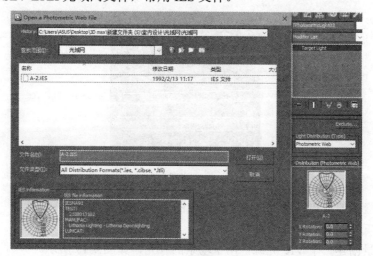

图 4-14　光域网文件

（4）设置"Intensity/Color/Distribution"【强度/颜色/分布】下的"Intensity"【强度】的"cd"【烛光】参数为 3 600，如图 4-15 所示。

图 4-15　灯光强度

（5）把聚光灯放到适应的位置，如图 4-16 所示。

图 4-16　灯光位置

（6）选择灯光，按【Ctrl】+【V】克隆一个灯光，选择实例复制，如图 4-17 所示。

图 4-17　复制灯光

（7）把克隆好的放在场景中合适位置，如图 4-18 所示。

注意：以下 VR_光源部分为选做部分。

（8）为场景创建一个 VR_光源，用于场景的补光，如图 4-19 所示。

图 4-18　灯光位置

（9）设置 VR_光源的参数的类型为穹顶，倍增器为 1.0，如图 4-20 所示。

图 4-19　场景的补光　　　　　　图 4-20　灯光强度

（10）将 VR_光源放在场景中任意位置，如图 4-21 所示。

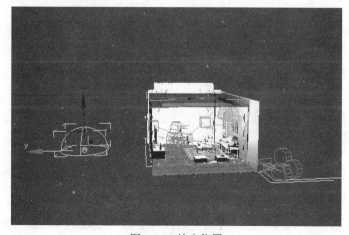

图 4-21　补光位置

4.4 Standard（标准）灯光

"标准"灯光主要用于模拟室外灯光，主要包括八种类型，分别是 Target Spot（目标聚光灯）、Free Spot（自由聚光灯）、Target Direct（目标平行光）、Free Direct（自由平行光）、Omin（泛光灯）、Skylight（天光）、mr Area Omni（mr 区域泛光灯）、mr Area Spot（mr 区域聚光灯）。其中"目标聚光灯"主要用来模拟吊灯、舞台灯、手电筒等；"目标平行光"主要用来模拟日光；"泛光灯"主要用来模拟球形灯、烛光、场景补光等；"天光"主要用来模拟天空自然光线。

4.4.1 使用 Target Spot（目标聚光灯）制作手电筒灯光

Target Spot（目标聚光灯）制作手电筒效果如图 4-22 所示。

图 4-22　手电筒效果

（1）打开"Target Spot"【目标聚光灯】，如图 4-23 所示。
（2）设置"Intensity/Color/Attenuation"【强度/颜色/衰减】的参数，如图 4-24 所示。

图 4-23　目标聚光灯　　　　图 4-24　灯光强度

（3）设置"Spotlight Parameters"【聚光灯属性】的"Hotspot/Beam"和"Falloff/Field"的参数分别为 20 和 45，如图 4-25 所示。
（4）在场景中放置在合适的位置，如图 4-26 所示。

第4章 室内外场景的灯光与摄像机

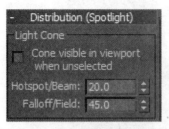

图 4-25 聚光灯属性　　　　　　图 4-26 灯的位置

（5）选中聚光灯，单击菜单的"Edit"【编辑】的"Clone"【克隆】快捷键【Ctrl】+【V】，如图 4-27 所示。

（6）克隆选项设置为"Copy"【复制】，如图 4-28 所示。

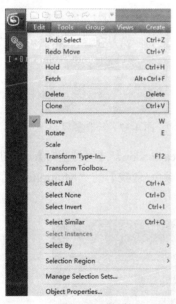

图 4-27 复制灯　　　　　　图 4-28 克隆选项

（7）设置"Spotlight Parameters"【聚光灯属性】的"Hotspot/Beam"和"Falloff/Field"的参数分别为 30 和 120，如图 4-29 所示。

4.4.2 使用 Target Direct（目标平行灯）模拟日光

Target Direct（目标平行光）模拟日光效果如图 4-30 所示。

（1）打开"Target Direct"【目标平行光】，如图 4-31 所示。

（2）设置"General Parameters"【基本参数】里的"Shadows"【阴影】的参数"On"勾选上，如图 4-32 所示。

图 4-29 聚光灯属性

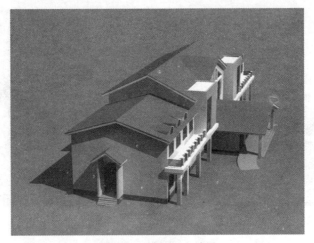

图 4-30　模拟日光效果

图 4-31　目标平行光

图 4-32　一般参数

（3）设置"Shadows"【阴影】的类型参数为"Area Shadows"【区域阴影】，如图 4-33 所示。

（4）设置"Intensity/Color/Attenuation"【强度/颜色/衰减】的"Multiplier"【倍增值】为 0.8，如图 4-34 所示。

图 4-33　阴影

图 4-34　倍增值

（5）设置"Intensity/Color/Attenuation"【强度/颜色/衰减】的"Color"【颜色】为 RGB（255，246，228），如图 4-35 所示。

（6）把"Target Direct"【目标平行光】放置在场景适应的位置，效果如图 4-36 所示。

第 4 章 室内外场景的灯光与摄像机

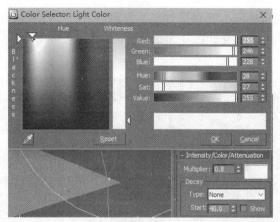

图 4-35 颜色

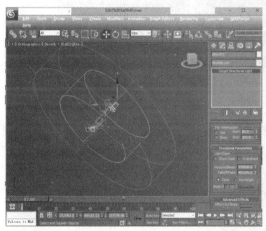
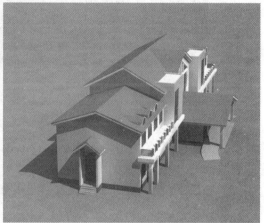

图 4-36 灯光位置

4.4.3 小房子场景灯光应用

室外小房子灯光效果如图 4-37 所示。

图 4-37 灯光效果

（1）单击 选中"Standard"【标准灯光】卷展栏下的"Target Direct"【目标平行光】来模拟太阳光，在场景中效果如图 4-38 所示。

图 4-38　目标平行光

（2）在 【修改】面板中修改设置灯光的参数，打开灯光所带的阴影（在"On"前打钩），设置【阴影】的类型为 Adv. Ray Traced，设置"Multiplier"【灯光强度】为 0.44，以及光线衰减范围，具体参数如图 4-39 所示。

（3）场景中灯光的优化参数设置如图 4-40 所示。

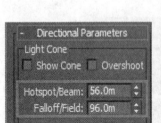  

图 4-39　灯光参数设置　　　　　　　　　图 4-40　场景优化

（4）如果场景中有的地方太暗，如图 4-41 所示。单击 将下拉菜单设置为"Standard"【标准灯光】，然后单击"Omni"【泛光灯】为场景进行补光，效果如图 4-42 所示，参数如图 4-43 所示。

第 4 章　室内外场景的灯光与摄像机

图 4-41　无补光渲染

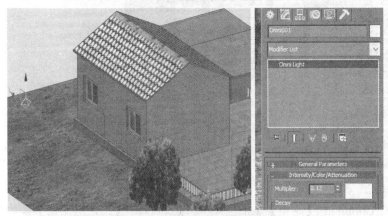

图 4-42　泛光灯位置与参数设置

图 4-43　有补光渲染

4.5　VRay 灯光

　　VRay 灯光的光线效果好，主要用于室内灯光效果。主要有 VRay 光源和 VRay 太阳灯光。其中 VRay 光源主要模拟室内环境的灯光，有平面、球形和穹顶三种类型；VRay 太阳主要用来模拟室外真实的太阳光。下面主要通过案例来学习两种灯光的使用方法。

4.5.1 测试 VRay 光源的双面发光与不可见

测试 VRay 光源的双面发光与不可见的操作步骤如下：
（1）打开渲染器设置（快捷键【F10】），如图 4-44 所示。

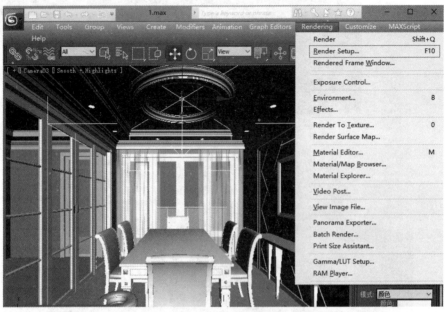

图 4-44 渲染器设置

（2）设置"Common"【菜单】下的"Assign Renderer"【指定渲染器】参数"Production"【结果】为 V-Ray Adv 2.10.01，如图 4-45 所示。

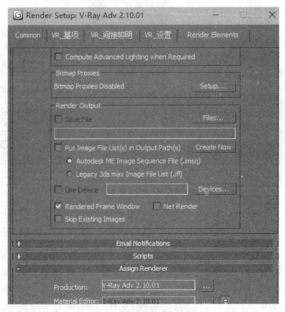

图 4-45 VRay 渲染器

（3）打开 VR_光源，如图 4-46 所示。
（4）设置基本参数的【类型】为平面，如图 4-47 所示。
（5）设计基本信息单位、倍增器、颜色、大小等（根据自己的情况设置），如图 4-48 所示。

图 4-46　VR_光源　　　　图 4-47　灯光类型　　　　图 4-48　灯光参数

（6）【不可见】选项，该参数设置面片是否可见，如图 4-49 所示。

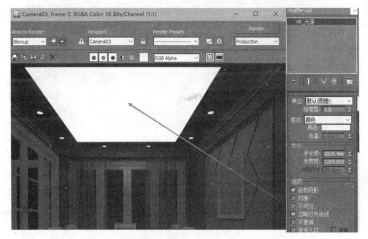

图 4-49　【不可见】选项

（7）勾选上参数选项的【不可见】，如图 4-50 所示。

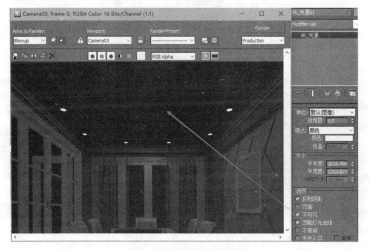

图 4-50　面片不可见

（8）勾选上参数选项的【双面】，如图 4-51 所示。

图 4-51 双面发光

（9）放在场景中合适的位置，如图 4-52 所示。

图 4-52 灯光位置

（10）创建一个 VR_光源，如图 4-53 所示。

（11）设置倍增器为 4.8，只勾选上选项的【不可见】，如图 4-54 所示。

（12）创建一个 VR_光源，设置基本参数的【类型】为穹顶，【倍增器】为 3.0，如图 4-55 所示。

图 4-53 VR_光源　　　　图 4-54 不可见　　　　图 4-55 穹顶

（13）把灯光放置到场景中合适位置，最终效果如图 4-56 所示。

第 4 章　室内外场景的灯光与摄像机

图 4-56　最终效果

4.5.2　利用 VRay 光源制作台灯

VRay 光源制作台灯的效果如图 4-57 所示。

图 4-57　台灯效果

（1）设置"Common"【菜单】下的"Assign Renderer"【指定渲染器】参数"Production"【结果】为 V-Ray Adv 2.10.01，如图 4-58 所示。

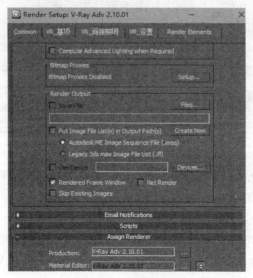

图 4-58　指定渲染器

（2）打开 VR_光源，如图 4-59 所示。

（3）设置基本参数的【类型】为平面，如图 4-60 所示。

（4）设置基本信息单位、倍增器、颜色、大小等（根据场景的情况设置），如图 4-61 所示。

图 4-59　VR_光源

图 4-60　平面

图 4-61　灯光参数

（5）调整坐标，如图 4-62 所示。

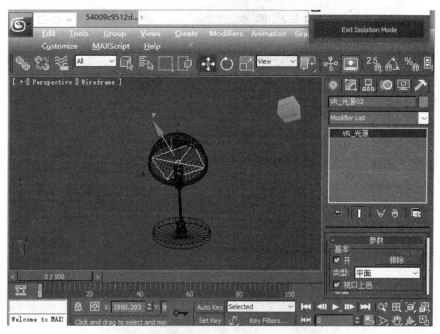

图 4-62　灯光位置

（6）创建一个 VR_光源，用于电脑屏幕光源，【类型】设置为平面，【倍增器】为 10.0，勾选上选项的【双面】。如图 4-63 所示。

（7）调整坐标和大小，如图 4-64 所示。

（8）创建一个 Free Light 类型的灯光，用于室内灯光，如图 4-65 所示。

（9）设置 Free Light 的基本参数的"Shadows"【阴影】为"VRayShadow"【VRay 阴影】，如图 4-66 所示。

第 4 章　室内外场景的灯光与摄像机

图 4-63　VR_光源

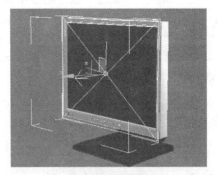

图 4-64　灯光位置

图 4-65　Free Light 灯光

图 4-66　阴影

（10）设置"Intensity/Color/Attenuation"【强度/颜色/衰减】的"Filter Color"【滤色】为 RGB（255，167，81）和【强度】为 20000.0 cd，如图 4-67 所示。

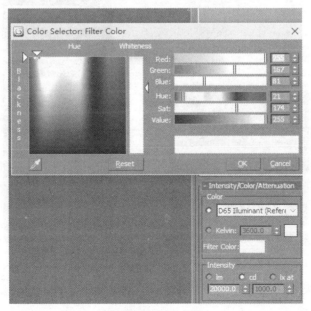

图 4-67　灯光参数

- 179 -

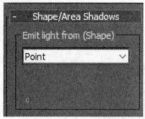

图 4-68 灯光形状

（11）设置"Shape/Area Shadows"【形状/区域阴影】的"Emit light from（Shape）"【发光（形状）】为"Point"【点】，如图 4-68 所示。

（12）放在场景中合适的位置，如图 4-69 所示。

（13）创建一个 VR_光源，用于房间场景的补光，如图 4-70 所示。

（14）设置 VR_光源的【类型】为平面，【倍增器】为 2.0，勾选上选项的【不可见】，如图 4-71 所示。

图 4-69 灯光位置

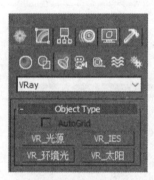

图 4-70 补光

图 4-71 平面

（15）调整坐标和大小，如图 4-72 所示。

第 4 章　室内外场景的灯光与摄像机

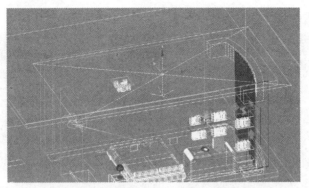

图 4-72　灯光大小

4.5.3　利用 VRay 太阳制作室内灯光

利用 VRay 太阳制作室内灯光的效果如图 4-73 所示。

图 4-73　室内灯光效果

（1）打开 VR_太阳，如图 4-74 所示。

（2）设置 VR_太阳参数【混浊度】为 3.0、【臭氧】为 0.35、【强度倍增】为 0.3，如图 4-75 所示。

（3）单击 VR_太阳参数的【排除】，如图 4-76 所示。

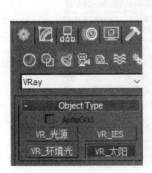

图 4-74　VR_太阳

图 4-75　灯光参数

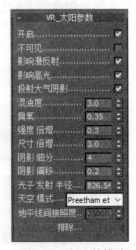

图 4-76　灯光的排除

- 181 -

(4)将需要穿透的物体添加到排除列表,如图 4-77 所示。

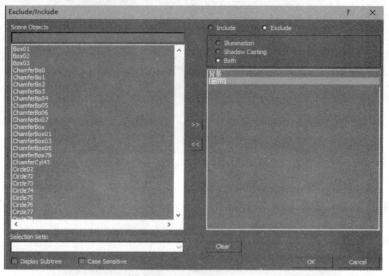

图 4-77 排除列表

(5)将 VR_太阳放在场景中合适的位置,如图 4-78 所示。

图 4-78 灯光位置

(6)为场景创建一个 VR_光源,用于场景的补光,如图 4-79 所示。
(7)设置 VR_光源的参数的【类型】为穹顶,【倍增器】为 1.0,如图 4-80 所示。

图 4-79 补光

图 4-80 灯光类型

(8) 把 VR_光源放在场景中的合适位置，如图 4-81 所示。

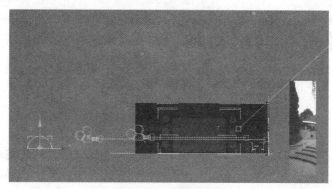

图 4-81　灯光位置

第 5 章
动画摄像机与简单动画

本章要点

从本章起将进入动画的学习,在一个大型项目中,如果说场景的搭建是基础,那么动画则具有画龙点睛的效果,如汽车在马路上行驶、蝴蝶在花丛中飞舞、人群从摄像机前面穿过等,添加了这些动态的元素之后,整个场景才会鲜活出彩。3ds Max 动画被广泛应用于广告、影视、建筑设计、游戏、工业设计、多媒体制作、工业仿真等领域。本章的动画主要讲解简单并具代表性的刚体动画和柔体动画两种。通过本章的学习,读者可以了解到关键帧的设置方法,为今后学习复杂的角色动画打下良好的基础。

本章包括以下内容:
- 动画摄像机的制作
- 小球弹跳动画的制作
- 开门动画的制作
- 窗帘拉开动画的制作

5.1 动画摄像机的制作

本节主要利用 3ds Max【路径约束】命令制作摄像机动画,来达到利用路径控制摄像机位置的效果。通过练习,掌握其他路径约束动画的制作。

(1) 打开场景文件"04.max",创建一个目标摄像机和一个圆形(顶视图创建路径),如图 5-1 所示。

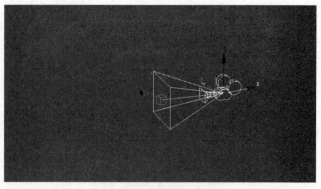

图 5-1 摄像机和路径

(2) 选择摄像机,单击"Motion"【运动】,在【注视目标】窗口单击"Pick Target"【拾取目标】,鼠标单击"Box01",此时"Box01"为摄像机的注视目标,如图 5-2 所示。

(3)选择摄像机,展开工具栏的"Animation"【动画】菜单栏,选择约束,摄像机绑定至圆,如图 5-3 所示。

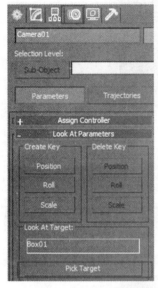

图 5-2　拾取目标

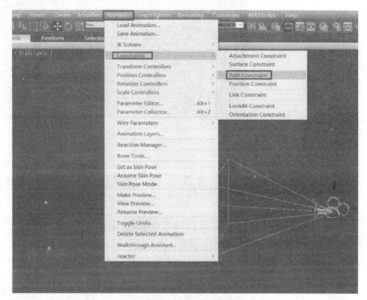

图 5-3　路径约束

(4)选择圆,单击 【自动关键帧】按钮,将时间滑块移至第 100 帧,在【修改】面板下将圆的半径改为 50,如图 5-4 所示。

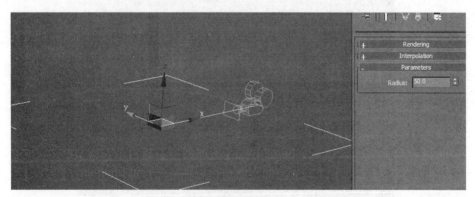

图 5-4　关键帧

(5)此时移动时间滑块,摄像机沿圆的路径旋转的同时跟随圆进行缩放。单击键盘【C】键切换到摄影机视图,对摄影机进行旋转,调节到一个合适的观察角度。单击底部工具栏中的 ▶【播放】按钮,便可以在视口中观察到摄像机路径动画的效果。

拓展练习:

制作如图 5-5 所示动画(文件夹中"作业.gif"动态图)。

图 5-5 拓展动画

5.2 小球弹跳动画的制作

本节主要利用时间轴窗口中的 Auto 【自动关键帧】按钮制作一个小球弹跳的动画,通过练习掌握其他关键帧动画的制作方法。

小球弹跳动画运动轨迹如图 5-6 所示。

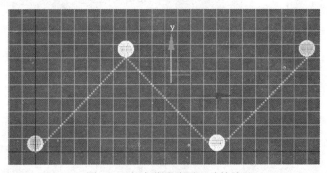

图 5-6 小球弹跳动画运动轨迹

(1) 打开场景文件 "01.max",如图 5-7 所示。

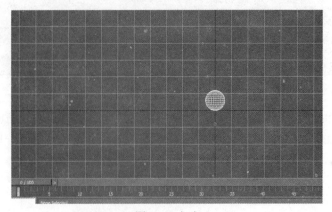

图 5-7 小球

(2) 选择小球模型,单击 Auto "自动关键帧点"按钮,将时间线滑块拖拽到第 30 帧,使用【选择并移动】工具将小球移动至图 5-8 所在位置，移动输入框的绝对世界坐标为小球的 30 帧位置，绝对世界坐标（69.523，0，71.488），此时时间轴出现两个红色关键帧。

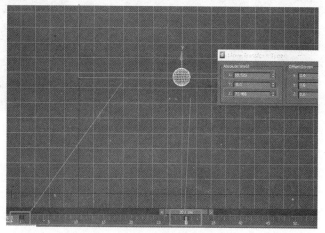

图 5-8 关键帧点

（3）将时间线滑块移动至 60 帧，使用【选择并移动】工具移动小球至图 5-9 位置，移动输入框的绝对世界坐标为小球的 60 帧位置，绝对世界坐标（140，0，0）。

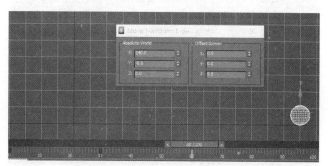

图 5-9 坐标 1

（4）将时间线滑块移动至 90 帧，使用【选择并移动】工具移动小球至图 5-10 位置，移动输入框的绝对世界坐标为小球的 90 帧位置，绝对世界坐标（210，0，70）。

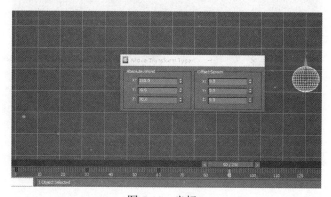

图 5-10 坐标 2

(5)单击【播放动画】按钮,效果如图 5-11 所示。

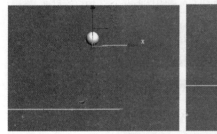
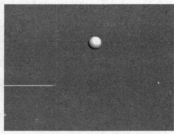
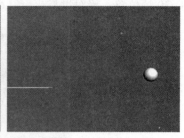

图 5-11 动画效果

5.3 开门动画的制作

本节主要利用 3ds Max 制作一个门的开启与关闭的旋转动画,其中主要应用了修改模型坐标轴位置、利用自动关键帧以及旋转的知识点。

门的运动动画轨迹如图 5-12 所示。

图 5-12 门的运动动画轨迹

(1)打开场景文件"02.max",如图 5-13 所示。

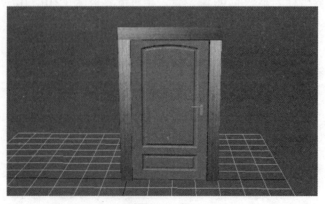

图 5-13 门

（2）选择模型中门的部分点，在【命令】面板上执行"Hierarchy"【层级】|"Pivot"【轴心点】|"Affect Pivot Only"【仅影响轴心点】命令，然后激活捕捉开关，如图 5-14 所示。

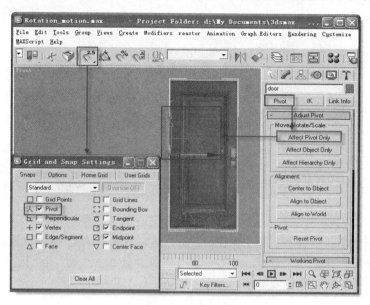

图 5-14　【层级】面板

（3）退出"Hierarchy"【层级】面板，调节时间轴的帧数和格式。单击底部工具栏的 【时间配置】按钮，在弹出的"Time Configuration"【时间配置】面板中进行设置，如图 5-15 所示。

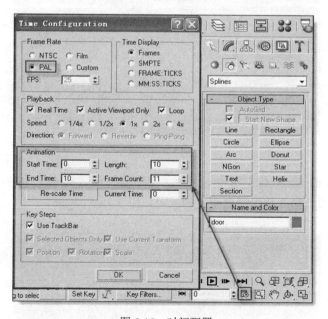

图 5-15　时间配置

提示：如果场景中还有其他动画属性的物体，如循环跑的汽车、鸟等，那么这里的帧数就会有很长，这时就必须将开门等这些短暂的动画分开做。

（4）使用【选择并移动】工具将坐标轴移动至门的最左边，因为门的动画需要以门最左面边为轴旋转，如图 5-16 所示。

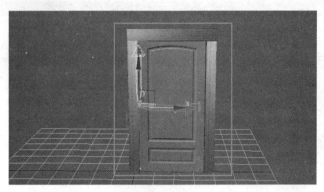

图 5-16　轴心

（5）单击 "Modify"【修改器】面板，并将关键帧滑块移动至 40 帧位置，单击【自动关键帧】按钮，选择 "Select and Rotate"【选择并旋转】按钮，将门逆时针旋转 45°，此时时间轴窗口出现两个绿色关键帧，如图 5-17 所示。

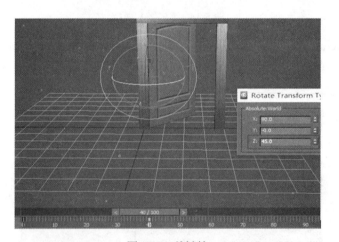

图 5-17　关键帧

（6）键盘【Shift】键+鼠标左键将第 0 帧关键帧拖拽至第 80 帧，此时时间轴窗口出现一个关键帧，此关键帧为第 0 帧的关键帧复制帧，如图 5-18 所示。

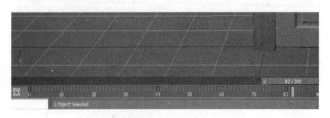

图 5-18　复制帧

（7）门的开关动画制作完成，最终效果如图 5-19 所示。

第 5 章 动画摄像机与简单动画

图 5-19 门的开关动画

5.4 窗帘拉开动画的制作

本节主要介绍以使用 3ds Max 复合对象中放样命令基础建模为前提的柔体动画制作，实现窗帘拉开的动画，通过练习，掌握其他柔体动画的制作方法。

（1）打开场景文件"03.max"，如图 5-20 所示。

图 5-20 窗帘

（2）选择窗帘，单击 "Modify"【修改器】展开"Loft"【放样】，选择"Shape"【图形】，鼠标单击窗帘最下面曲线，单击【图形命令】中"Align"【对齐方式】下的"Left"【左】命令按钮，如图 5-21 所示。

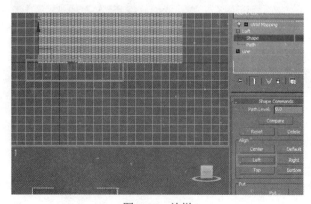

图 5-21 放样

- 191 -

(3)单击"Loft"【放样】回到窗帘的修改窗口,展开"Deformations"【变形】下拉栏,单击"Scale"【缩放】,在"Scale Deformation"【缩放变形】窗口中选择"Insert Bezier Point"【添加 Bezier 点】,添加如图 5-22 所示的 3 个 Bezier 点。

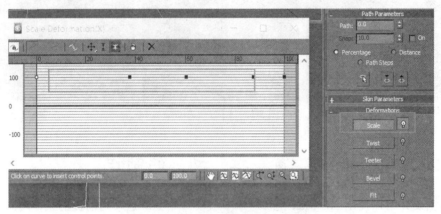

图 5-22 变形面板

(4)将时间滑块移至第 30 帧位置,单击 Auto【自动关键帧】按钮调节"Scale Deformation"【缩放变形】窗口中的缩放调节曲线,如图 5-23 所示。

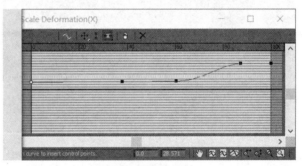

图 5-23 缩放变形

(5)选中窗帘,单击 "Mirror"【镜像】,镜像轴为 X 轴,复制当前选择,单击【确定】按钮,如图 5-24 所示。

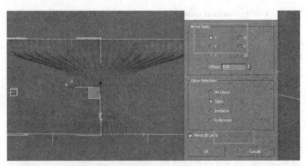

图 5-24 镜像

(6)移动镜像窗帘至如图 5-25 所示位置,窗帘的拉开动画至此制作结束。

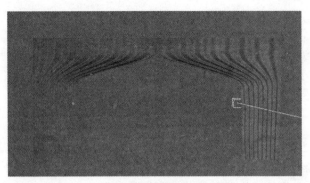

图 5-25 镜像窗帘

(7) 最终效果如图 5-26 所示。

图 5-26 窗帘动画

第 6 章
室内外场景特效与渲染运用

渲染（Render）也叫"着色"，就是对场景进行着色的过程，它通过复杂的运算，将虚拟的三维场景投射到二维平面上，渲出优秀的作品。渲染器主要有 Mental ray 渲染器、Default Scanline 渲染器、VUE 文件渲染器和 VRay 渲染器。

Default Scanline 渲染器渲染速度特别快，但功能不强，适用于简单的、对三维效果要求不高的场景。

Mental ray 渲染器是早期出现的两个重量级的渲染器之一，为德国 Mental Images 公司的产品，主要集成在 3D 动画软件中，它凭借高效的速度和质量在电影领域得到了广泛的应用和认可，是好莱坞电影制作的首选制作软件。《绿巨人》《终结者》《黑客帝国》等影片中都可以看到它的影子。

VRay 渲染器是由 Chaos Group 公司出品，在中国由曼恒公司负责推广的一款高质量渲染软件。VRay 渲染器是目前业界最受欢迎的渲染引擎，为不同领域的优秀 3D 建模软件提供了高质量的图片和动画渲染，方便使用者渲染各种图片。

本章主要介绍 Default Scanline 和 VRay 渲染器。

6.1 Default Scanline（默认扫描线）渲染器

Default Scanline 渲染器又称默认扫描线渲染器，如图 6-1 所示，共有 Common（公用）、Render（渲染器）、Render Elements（渲染器元素）、Raytracer（光线跟踪器）、Advanced Lighting

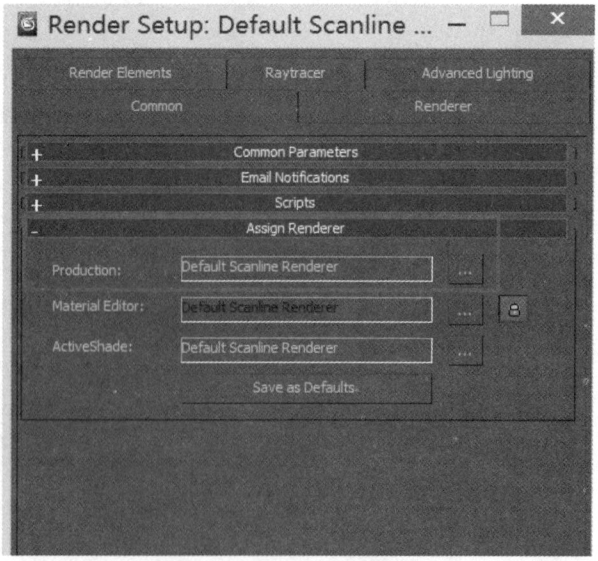

图 6-1 默认扫描线渲染器

（高级照明）五大部分。

下面通过案例来学习默认扫描线渲染器的用法及参数的调整。

项目案例——小房子场景渲染器设置

（1）按【F10】键打开【渲染设置】对话框，设置渲染器为"Default Scanline Renderer"【默认扫描线渲染】，如图 6-2 所示。

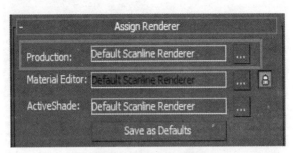

图 6-2　渲染器的设置

（2）单击"Common"【公用】选项卡，在"Common Parameters"【公用参数】卷展栏下渲染尺寸为 800×600，具体参数如图 6-3 所示。

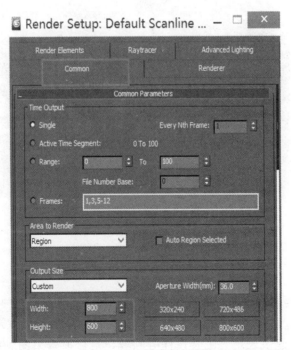

图 6-3　渲染图片大小设置

（3）打开"Advanced Lighting"【高级照明】面板，在"Select Advanced Lighting"【选择高级照明】面板中选择"Light Tracer"【高级光追踪】选项，"Bounces"【反弹值】为 1，效果如图 6-4 所示。

（4）按【Shift】+【Q】键渲染当前场景，最终渲染效果如图 6-5 所示。

图 6-4　灯光参数设置

图 6-5　最终渲染效果

6.2　VRay 渲染器

　　VRay 渲染器主要以插件的形式应用在 Max、Maya 中，它是一种结合了光线跟踪和光能传递的渲染器，速度快、效果好、操作简单，是目前业界最受欢迎的渲染引擎。VRay 渲染器被广泛应用于建筑表现、工具设计等领域，是目前效果图制作领域最为流行的渲染器。

　　VRay 渲染器如图 6-6 所示，主要包括【公用】、【VR_基项】、【VR-间接照明】、【VR_设置】等选项卡。

第 6 章 室内外场景特效与渲染运用

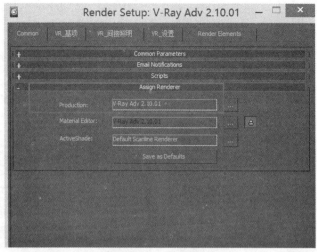

图 6-6 VRay 渲染器

1. "Common"【公用】选项设置
(1) 按【F10】键或 打开渲染器。
(2) 设定公共参数。
(3) 调用方法。
(4) 图片保存为 png 格式时背景是透明的，方便后期制作。
2. VRay 选项设置
(1) Glabal switches（全局开关）设置时对场景全部对象起作用。
Displacement（置换）：指置换命令是否使用。
Default Lights（缺省灯光）：不产生全局照明。
二次光线偏移：控制有重面的物体在渲染时不会产生黑斑，如图 6-7 所示。

图 6-7 全局开关

(2) Image sampler（Antialiasing）图像采样器（抗锯齿）如图 6-8 所示，主要用来控制

渲染后图像的锯齿效果。

① Type（类型）。

Fixed（固定）：最简单的采样方法，对于每一个像素使用一个固定的样本。

Adaptive DMC（自适应 DMC）：对有大量微小细节的场景是首选。

Adaptive subdivision（自适应细分）：若场景中细节较少是最好的选择，细节多效果不好，渲染速度慢。

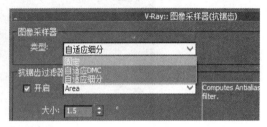

图 6-8　图像采样器

② Antialiasing filter 抗锯齿过滤器（图 6-9）。

Area（区域）：用区域大小计算抗锯齿。

Mitchell-Netravali：一种常用的过滤器，能产生微量模糊的图像效果。

Catmull-Rom：一种具有边缘增强功能的过滤器，可以产生较清晰的图像效果。

图 6-9　抗锯齿过滤器

总结：通常，如果不需要模糊特效（全局照明，光滑反射和折射，面光源/阴影，透明），Adaptive Subdivision 采样将是最快的并能产生最好的图像质量效果。如果场景中包含大量模糊特效，应当使用 Fixed 采样；如果场景中只有少量细节，使用 Adaptive Subdivision 采样；如果需要大量的细节，Adaptive DMC 采样将会获得比其他两种采样更好的效果。

3. Indirect Illumination（间接照明）

如图 6-10 所示，开启间接照明后，对光线进行追踪计算，光线会在物体间互相反弹，产生准确的照明结果。主要分为 Primary bounces（首次反弹）和 Secondary bounces（二次反弹）。

图 6-10 间接照明

注意：在真实世界中，光线的反弹一次比一次减弱，这里并不是说光线只反弹两次。当光线照射到 A 物体后反射到 B 物体，B 物体所接收到的光就是"首次反弹"，B 物体再将光线反射到 D 物体，D 物体再将光线反射到 E 物体，D 物体以后物体所得到的光的反射就是"二次反弹"。

对应的参数主要有两种：

（1）倍增：控制光的反弹的光的能量，值越高场景越亮。

（2）全局光引擎（GI engine）。

Irradiance map（发光贴图）：计算场景中物体漫反射表面的发光，只存在于"首次反弹"引擎中，运算速度快、噪波效果好。

Light cache（灯光缓存）：将最后的光发散到摄影机后得到最终图像，逆光，即从摄影机方向开始追踪光线的，一般适用于"二次反弹"。

其中【细分】设置灯光信息的细腻程度，测试为 200，最终为 1 000～2 000；【采样大小】是样本的大小，值越小，样本之间相互距离越近，画面越细腻，正式出图设为 0.01 以下。

开启间接照明后，场景的光影会更加自然明亮，如图 6-11 和图 6-12 都是没有开启间接照明和开启间接照明的效果对比图。

图 6-11 间接照明开对比效果图 1

图 6-12　间接照明开对比效果图 2

4．Settings（系统设置）

（1）自适应数量（Adaptive amount）：主要用来控制自适应的百分比。

（2）噪波阈值（Noise）：控制渲染中所有产生噪点的极限值，包括灯光细分、抗锯齿等，数值越小，渲染品质越高，渲染速度就越慢。

注意：渲染分为两大部分：测试和出图两个阶段，其中测试阶段要求的是速度，出图要求质量。

6.3　渲染器综合项目——卫生间场景的实现

前面学习了材质、灯光、摄像机和渲染器的设置，下面是一个综合项目练习，通过项目练习，可以把所学知识进行综合的、灵活的应用，渲染出理想的效果。卫生间最终的效果如图 6-13 所示。

图 6-13　卫生间效果

6.3.1 综合项目——材质设置

在"配套资料素材"文件中打开"VRay 卫生间综合源文件.max",效果如图 6-14 所示。

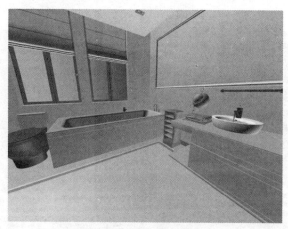

图 6-14 卫生间综合源文件

首先要赋予场景中的物件一些真实的贴图材质,如镜子材质、水材质、不锈钢材质、陶瓷材质、玻璃材质等,下面将逐一进行学习。

(1)将渲染器更改为 VRay 渲染器。打开渲染器设置(快捷键【F10】),选择"Common"【公共】面板下的"Assign Renderer"【指定渲染器】子面板,设置"Production"【产品】为"VRay Adv 2.10.01"。如图 6-15 所示。

 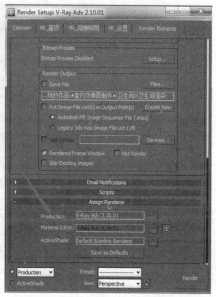

图 6-15 渲染器设置

(2)本场景需要制作水、不锈钢、镜子、地板、陶瓷、玻璃、窗纱、外景材质均为 VRay 材质。

选择一个空的材质球,单击"Get Material"【获取材质】,然后选中"VRayMtl"【VRay

材质】，就会出现 VRay 参数调节的面板。【VRay 参数】面板打开之后，主要用到 Diffuse（漫反射）、Reflection（反射）、Hilight glossiness（高光光泽度）、Refl. glossiness（反射光泽度）、Subdivs（细分）、Fresnel reflections（菲涅耳反射）、Refraction（折射）等，具体参数如图 6-16 所示。

图 6-16　获取 VRay 材质的面板

（3）制作镜子材质。选择一个空白材质球，然后设置材质类型为 VRayMtl，将其命名为"镜子"，具体参数设置及材质球如图 6-17 所示。

图 6-17　镜子材质

① 设置【漫反射】颜色为黑色。
② 设置【反射】颜色为白色（红 255，绿 255，蓝，255）。

（4）不锈钢材质。选择一个空白材质球，然后设置材质类型为 VRayMtl，将其命名为"不锈钢"，具体参数设置及材质球如图 6-18 所示。

① 设置【漫反射】颜色为黑色。

② 设置【反射】颜色为（红 210，绿 213，蓝，252），设置【高光光泽度】为 0.75、【反射光泽度】为 0.83、【细分】为 30。

③ 设置【折射】颜色为黑色，然后设置【折射率】为 1.6。

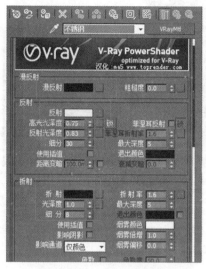

图 6-18　不锈钢材质

（5）陶瓷材质。选择一个空白材质球，然后设置材质类型为 VRayMtl，将其命名为"陶瓷"，具体参数及材质球效果如图 6-19 所示。

图 6-19　陶瓷材质

① 设置【漫反射】颜色为白色。

② 设置【反射】颜色为白色，【反射光泽度】为 0.8、【细分】为 20，勾选【菲涅耳反射】。

（6）水材质。选择一个空白材质球，然后设置材质类型为 VRayMtl，将其命名为"水"，具体参数设置及材质球效果如图 6-20 所示。

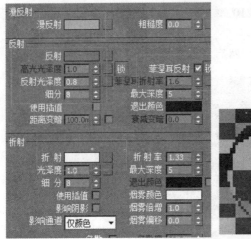
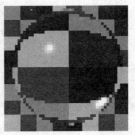

图 6-20 水材质

① 设置【漫反射】颜色为灰色。
② 设置【反射】颜色为（红 84，绿 84，蓝，84）或加衰减，勾选【菲涅耳反射】。
③ 设置【折射】为白色，【折射率】为 1.33，【凹凸】为 10（凹凸在【贴图】卷展栏里面）。

（7）制作玻璃材质。选择一个空白材质球，设置材质类型为 VRayMtl，将其命名为"玻璃"，具体参数设置及材质球效果如图 6-21 所示。

图 6-21 玻璃材质

① 设置【漫反射】颜色为（红 128，绿 128，蓝，128）。
② 设置【反射】颜色为（红 86，绿 86，蓝，86）或加衰减，勾选【菲涅耳反射】。
③ 设置【折射】颜色为白色。

（8）制作地面（地砖）材质。选择一个空白材质球，设置材质类型为 VRayMtl，将其命名为"地板"，具体参数设置如图 6-22 所示。

① 在【漫反射】加载一张图片，在【坐标】栏下设置 U 为 10、V 为 2。

第 6 章　室内外场景特效与渲染运用

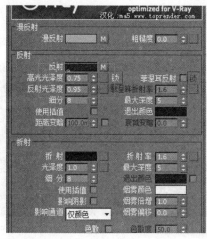

图 6-22　地板参数面板

② 在【反射】贴图通道加载一张"Falloff（衰减）"程序贴图，在【衰减参数】下设置【衰减类型】为 Fresnel，设置【侧】通道颜色为（红 100，绿 100，蓝 100），设置【高光光泽度】为 0.75，设置【反射光泽度】为 0.95。

③ 展开【贴图】卷展栏，将【漫反射】中的贴图拖曳到【反射】上，在弹出的对话框中勾选"Copy"【复制】，【凹凸】设置为 30，如图 6-23 所示。

图 6-23　地板材质

（9）制作墙面（花纹）材质。选择一个空白材质球，设置材质类型为 VRayMtl，将其命名为"花纹"，具体参数设置如图 6-24 所示。

① 在【漫反射】加载一张图片，然后在坐标栏下设置 U 为 10、V 为 2。

② 在【反射】贴图通道加载一张"衰减"程序贴图，在【衰减参数】下设置【衰减类型】为 Fresnel，设置【侧】通道颜色为（红 100，绿 100，蓝 100），设置【高光光泽度】为 0.75，设置【反射光泽度】为 0.95。

③ 展开【贴图】卷展栏，将【漫反射】中的贴图拖曳到【凹凸】上，在弹出的对话框中

勾选【复制】或【实例】,【凹凸】设置为 30。制作好的材质球效果如图 6-25 所示。

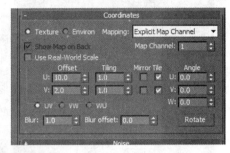

图 6-24　墙面参数

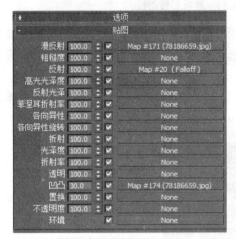

图 6-25　墙面材质

（10）窗纱材质。选择一个空白材质球，设置材质类型为 VRayMtl，将其命名为 "窗纱"，具体参数设置如图 6-26 所示。

图 6-26　窗纱材质

① 设置【漫反射】颜色为（红198，绿198，蓝，198）。
② 设置【折射】颜色为灰色。

（11）制作窗外背景材质。选择一个空白材质球，设置材质类型为 VRay 发光材质，将其命名为"背景"，具体参数设置及材质球如图 6-27 所示。

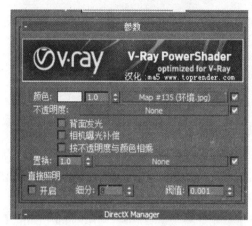

图 6-27　背景材质

（12）将制作好的材质分别赋予场景中相应的模型，然后渲染当前场景，最终效果如图 6-28 所示。

图 6-28　材质最终效果

6.3.2　综合项目——灯光与摄像机设置

（1）创建场景的主光源。我们将使用"Target Directional Light"（目标平行光）来模拟太阳光，在顶视图中，从窗户的方向向室内拖动以创建一个"Target Directional Light"（目标平行光），到前视图调整光源高度并设置参数，如图 6-29 所示。

设置步骤：

① 展开"General Parameters"【基本参数】卷展栏，然后在"Shadows"【阴影】选项组下勾选"On"【启用】，接着设置阴影类型为 VRayShadow（VRay 阴影）。

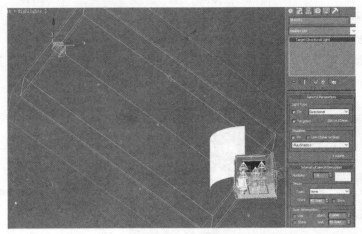

图 6-29 目标平行光

② 展开"Intensity/Color/Attenuation"【强度/颜色/衰减】卷展栏,然后设置"Multiplier"【倍增】为 1.0,颜色为浅黄色。

③ 展开"Directional Parameters"【聚光灯参数】卷展栏,"Hotspot/Beam"【聚光区/光束】为 2 337 mm,"Fallow/Field"【衰减区/区域】为 3 352 mm,方式为矩形,如图 6-30 所示。

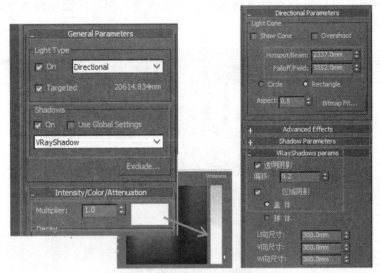

图 6-30 目标平行光参数

(2) 为了让打的主光源能够进来,要进行物体排除,选择主光源,在【修改】面板中选择"Extrude"【排除】,排除背景,如图 6-31 所示。

(3) 使用"VRay Light"【VRay 光源】的面光源来模拟来自室外的自然光。沿窗户创建与窗户大小相同的"VRay Light"【VRay 光源】,并调节灯光的参数,如图 6-32 所示。

① 在【基本】选项组下设置【类型】为平面。

② 在【亮度】选项组下设置【倍增器】为 8,颜色浅蓝色。

③ 在【大小】选项组下设置【半长度】为 1 000 mm,【半宽度】为 850 mm,如图 6-33 所示。

第 6 章　室内外场景特效与渲染运用

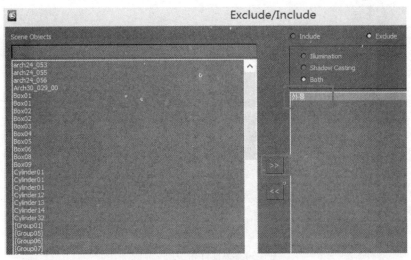

图 6-31　灯光的排除

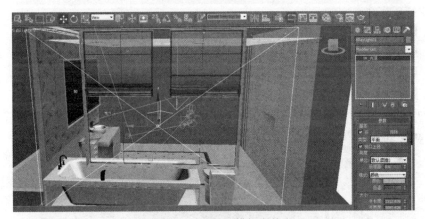

图 6-32　VRay 光源模拟自然光

图 6-33　VRay 光源

④ 在【选项】选项组下勾选【不可见】,【细分】设为 15。

(4) 创建镜前灯带,切换到顶视图,沿着镜子上方的吊顶位置创建与镜子等长的 VRay 光源,调整高度并设置灯光参数,如图 6-34 所示。

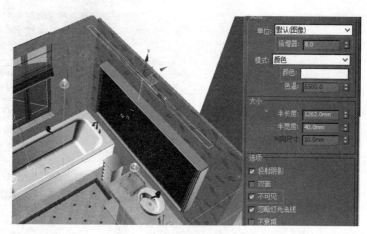

图 6-34 镜前灯带 VRay 光源

设置步骤:

① 在【基本】选项组下设置【类型】为平面。

② 在【亮度】选项组下设置【倍增器】为 10,颜色为(红 255,绿 232,蓝 193)。

③ 在【大小】选项组下设置【半长度】为 1 262 mm,【半宽度】为 40 mm。

④ 在【选项】选项组下勾选【不可见】,【细分】设为 15。

(5)为了能够让场景的整体亮度更均匀,同时也模拟卫生间吊顶上的灯光,在卫生间顶部通过"Target light"(目标灯光)创建了 4 盏光域网灯光,如图 6-35 所示。

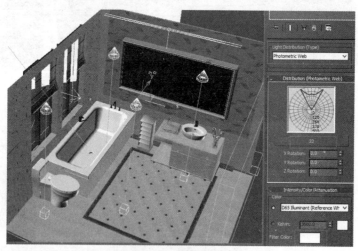

图 6-35 光域网灯光

设置步骤:

① 展开"General Parameters"【基本参数】卷展栏,设置"Light Distribution"【光分布】为 Photometric Web(光度学文件),取消阴影。

② 展开"Intensity/Color/Attenuation"【强度/颜色/衰减】卷展栏,然后设置"Intensity"【强度】为 1 000,颜色为白色。

③ 展开"Photometric Web"【光度学文件】卷展栏,选择光域网文件"2.IES"。

6.3.3 综合项目——渲染器设置

（1）按【F10】键打开【渲染设置】对话框，设置渲染器为 VRay 渲染器，单击"Common"【公用】选项卡，在"Common Parameters"【公用参数】卷展栏下渲染尺寸为 800×600，具体参数如图 6-36 所示。

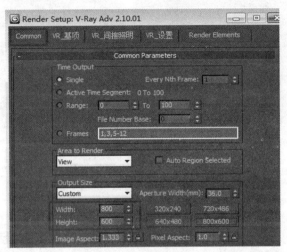

图 6-36　渲染尺寸

（2）单击【VR_基项】选项卡，在【图像采样器（抗锯齿）】卷展栏下设置【图像采样器】的【类型】为【自适应细分】，开启【抗锯齿过滤器】，设置过滤器为"Area"【区域】，具体参数设置如图 6-37 所示。

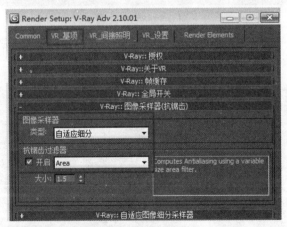

图 6-37　VR-基项设置

（3）单击【VR_间接照明】选项卡，在【间接照明（全局照明）】卷展栏下勾选【开启】选项，设置【首次反弹】的【全局光引擎】为发光贴图、【二次反弹】的【全局光引擎】为灯光缓存。

（4）展开【发光贴图】卷展栏，设置【当前预制】为高；展开【灯光缓存】卷展栏，设置【细分】1 000、【采样大小】为 0.02，具体参数如图 6-38 所示。

图 6-38　VR_间接照明参数

（5）单击【VR_设置】选项卡，在【DMC 采样器】卷展栏下设置"自适应数量"为 0.85、【噪波阈值】为 0.005，具体参数如图 6-39 所示。

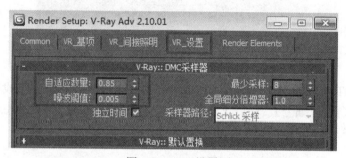

图 6-39　VR_设置

（6）按【Shift】+【Q】键渲染当前场景，最终的效果如图 6-40 所示。

图 6-40　卫生间最终效果

第 7 章
室内外场景的综合应用

本章主要通过室内外的大型综合项目来进一步巩固 3ds Max 的基础知识，严格按照企业真实项目的流程来实现：素材的采集与处理、模型的创建、贴图的实现、灯光与摄像机的实现、渲染出效果图。通过练习进一步了解和掌握完整流程，做到企业项目零对接，为学生今后从事相关的行业打下坚实的基础。

7.1 室内场景的综合应用

本节主要对室内的综合场景进行练习，将从最初 CAD 图纸的导入开始，利用 CAD 图纸创建框架结构，逐步对房屋的模型创建、材质指定以及灯光渲染进行讲解。

本节主要包括以下内容：
➢ 室内模型的创建（CAD 图纸的导入）
➢ 室内材质的制作
➢ 室内灯光与摄像机
➢ 室内渲染器设置

室内的最终效果如图 7-1 所示。

图 7-1　室内效果

7.1.1 室内模型的创建（根据 CAD 图建模）

（1）打开 3ds Max，将系统单位和显示单位统一为毫米，如图 7-2 所示。

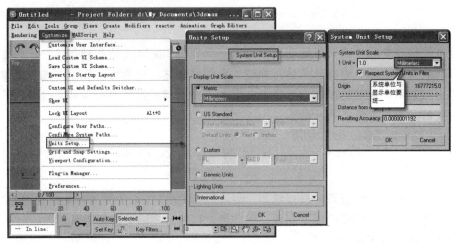

图 7-2 单位设置

（2）本案例中将使用现有的 CAD 图纸来创建室内框架模型。首先需要导入 CAD 图纸的平面图，执行"File"【文件】|"Import"【导入】命令，在素材文件夹中选择"平面图.dwg"文件，在弹出的【Auto CAD DWG/DXF 导入选项】面板中单击【确定】按钮即可，如图 7-3 所示。

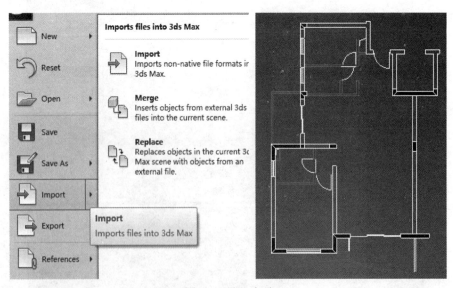

图 7-3 导入选项

（3）单击【G】键取消顶视图中栅格的显示。打开【图层】面板，将 CAD 图层冻结（Freeze Selection），然后创建一个新的图层，并命名为"模型"。这样接下来创建的模型都会在这个

第 7 章 室内外场景的综合应用

图层中，便于管理，如图 7-4 所示。

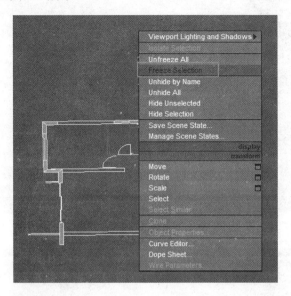

图 7-4 冻结

（4）在创建模型时，会经常使用到捕捉开关，所以需要先对捕捉开关进行设置，打开【网格与捕捉设置】面板，设置捕捉点与捕捉项，最后单击【关闭】按钮确定更改，如图 7-5 所示。

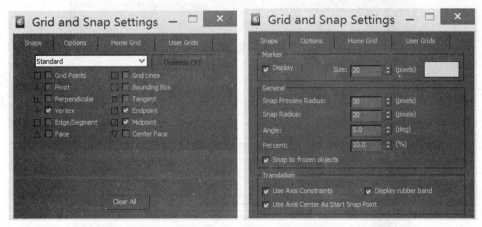

图 7-5 捕捉设置

（5）打开【二维创建】面板，应用"Line"【线】工具捕捉墙、门、窗的端点，绘制各个空间的封闭二维线，在关闭"Start New Shape"选项的情况下可以使绘制的多个二维封闭线条成为一个独立的物体，如图 7-6 所示。

（6）将绘制好的"Line01"对象转换成可编辑多边形。在绘制好的二维线条上单击鼠标右键，选择"Convert To" | "Convert to Editable Poly"选项以将二维线条转换成多边形物体，如图 7-7 所示。

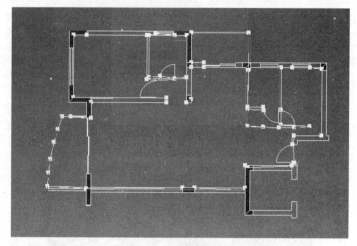

图 7-6 样条线完成

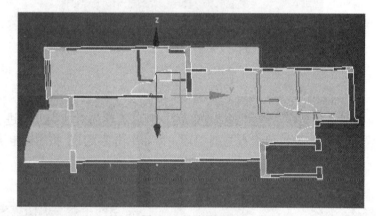

图 7-7 转为多边形

（7）将最底端的边线定义为踢脚线。切换到多边形的点级别下，按住【Shift】键同时沿 Z 轴向上复制，在 Z 轴文本框中输入 120 mm（即踢脚线的高度）后按【Enter】键，以此定位室内踢脚线的高度，如图 7-8 所示。

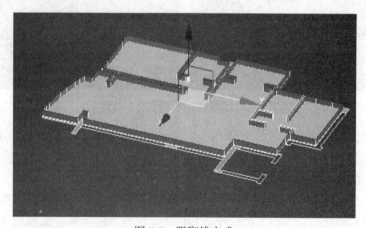

图 7-8 踢脚线完成

（8）使用与创建踢脚线相同的方法。按住【Shift】键复制，然后再沿 Y 轴向上移动复制，在 Z 轴文本框中分别输入 900 mm、2 000 mm、2 500 mm、3 000 mm。复制效果如图 7-9 所示。

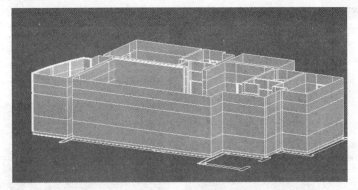

图 7-9　模型框架

（9）创建门，切换到多边形次物体级别，选择入户门这部分面，应用"Extrude"【挤出】工具得到入户门与入户门处墙的厚度，具体参数如图 7-10 所示。

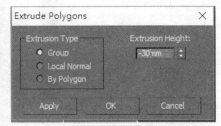

图 7-10　门挤出

（10）创建窗户，切换到 Front（前视图），选择"Convert To"|"Convert to Editable Poly"选项以将转换成可编辑多边形物体，如图 7-11 所示。

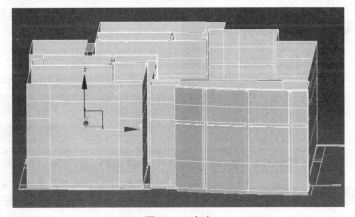

图 7-11　窗户

（11）切换到多边形次物体级别，选择这部分面，右击选择"Inset"【插入】，如图 7-12 所示。

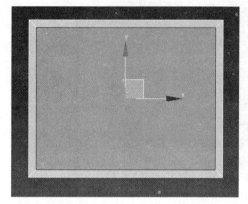
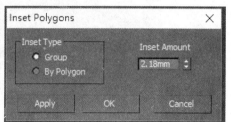

图 7-12 插入

（12）切换到多边形次物体级别，选择这部分线，单击鼠标右键，应用"Connect"【连线】命令，如图 7-13 所示。

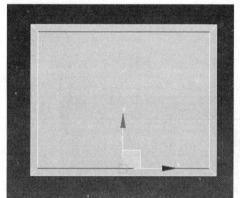
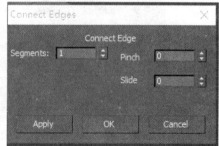

图 7-13 连接

（13）选择步骤（12）连接出的线，通过单击鼠标右键选择"Chamfer"【切角】命令进行切角，效果如图 7-14 所示。

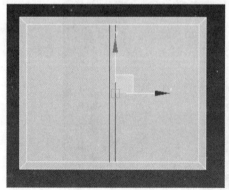
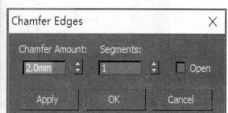

图 7-14 切角

(14)切换到多边形次物体级别,然后选择这两个面,应用"Extrude"【挤出】工具,具体参数如图 7-15 所示。

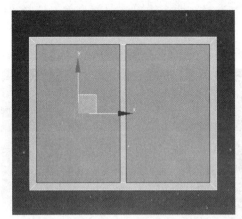

图 7-15 挤出

(15)用步骤(9)~(13)的方法创建出其他窗户,如图 7-16 所示。

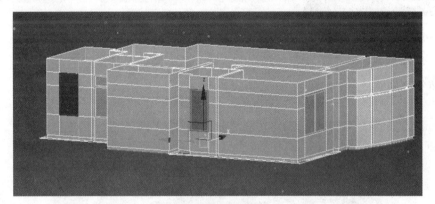

图 7-16 窗户完成

(16)创建踢脚线。选择踢脚线区域的所有面,应用"Extrude"【挤出】命令,向外挤出 15 mm,挤出的类型设置为"Local Normal"【局部法线】方向,如图 7-17 所示。

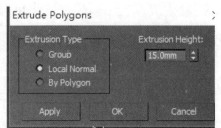

图 7-17 踢脚线

（17）创建电视背景墙，创建一个"Box"【长方体】，选择"Convert To"|"Convert to Editable Poly"选项以将长方体转化成可编辑多边形物体，具体参数设置如图7-18所示。

（18）切换到【多边形】次物体线级别，选择这两个线单击鼠标右键，选择"Connect"【连接】，如图7-19所示。

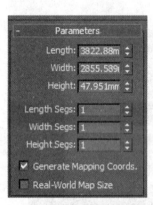

图7-18 长方体

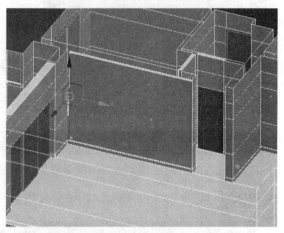

图7-19 连接

（19）切换到【多边形】次物体线级别，选择这两个线单击鼠标右键，应用"Connect"【连接】命令，如图7-20所示。

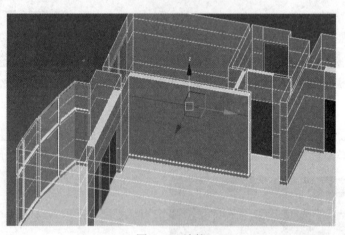

图7-20 连接

（20）切换到【多边形】次物体线级别，选择这两个线单击鼠标右键，应用"Connect"【连接】命令，如图7-21所示。

（21）切换到【多边形】次物体线级别，选择这两个线单击鼠标右键，应用"Connect"【连接】命令，如图7-22所示。

（22）切换到【多边形】次物体级别，选择背景墙的面，应用"Extrude"【挤出】命令，向里挤出60 mm，如图7-23所示。

第 7 章 室内外场景的综合应用

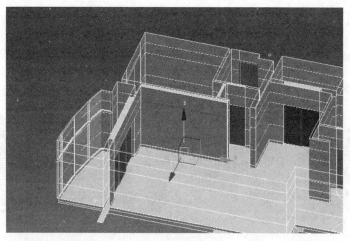

图 7-21 连接 1

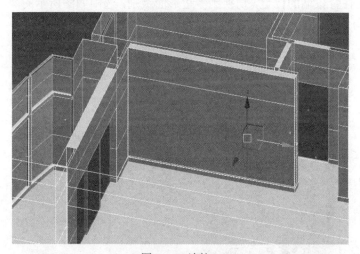

图 7-22 连接 2

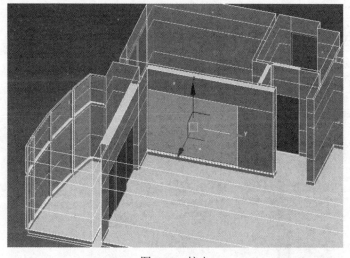

图 7-23 挤出

（23）切换到【多边形】次物体级别，选择背景墙的两条线，应用"Connect"【连线】命令，如图 7-24 所示。

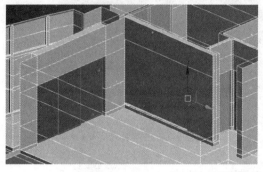
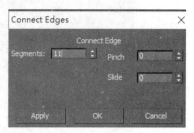

图 7-24　连接

（24）调整线在背景墙的位置，切换到多边形面级别，选中如图所示的面，应用"Extrude"【挤出】命令，向外挤出 40 mm，如图 7-25 所示。

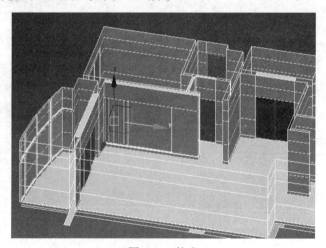

图 7-25　挤出

（25）应用"Connect"（连线）命令，连接出如图 7-26 所示的线。

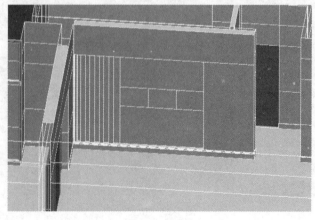

图 7-26　连接

(26)切换到多边形面级别,选中图中的面,应用"Extrude"【挤出】命令,向里挤出-50 mm,如图 7-27 所示。

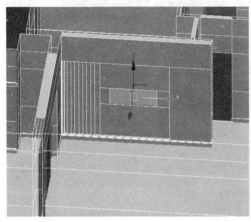
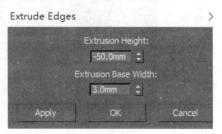

图 7-27 挤出

(27)在场景中创建"Cylinder"【圆柱体】,放在如图 7-28 所示位置。

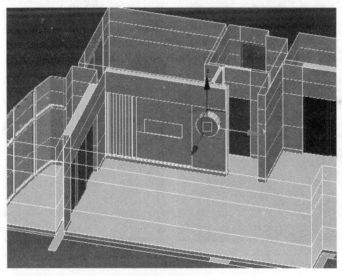

图 7-28 圆柱体

(28)在【标准】面板中,选择"Compound Objects"【复合对象】,选择"ProBoolean"【超级布尔运算】,选择背景墙,单击"Start Picking"【开始拾取】,在场景中单击圆柱体,如图 7-29 所示。

(29)创建吊顶,开启捕捉,在顶图中描客厅四周的墙体,创建"Rectangle"【矩形】,然后转换成可编辑多边形,调整线条为双线,再转换成可编辑多边形,如图 7-30 所示。

(30)选择 "Border"【边界】子层级,按住【Shift】键,沿着 Z 轴向上拉,复制出新的边界,如图 7-31 所示。

(31)选择矩形吊顶,在修改列表中按【N】键弹出"Normal"(法线),反转法线,此时正面朝外,然后再转换成可编辑多边形,如图 7-32 所示。

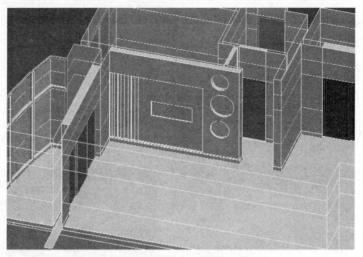

图 7-29 背景墙效果

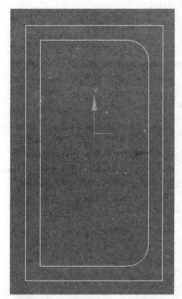 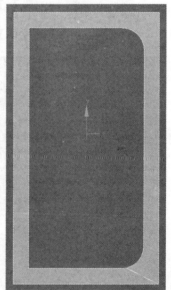

图 7-30 矩形

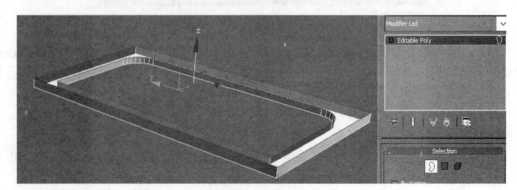

图 7-31 复制边界

第 7 章 室内外场景的综合应用

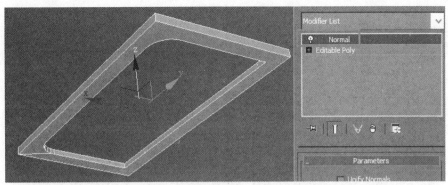

图 7-32 反转法线

（32）将吊顶的高度调整到合适的高度，在上面创建一个面片做天花板，如图 7-33 所示。

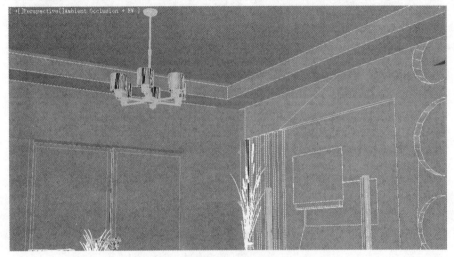

图 7-33 吊顶

（33）室内框架创建完成之后，我们可以在素材库中加入一些已有的模型来充实整个场景。执行"File"【文件】|"Merge"【合并】命令，在弹出的面板中选择相应的家具、装饰等小物件模型，场景合并完成后的效果如图 7-34 所示。

 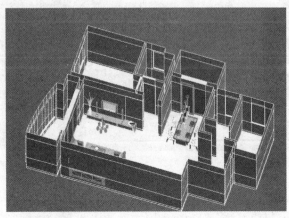

图 7-34 合并室内场景

- 225 -

7.1.2 室内材质的制作

（1）将渲染器更改为 VRay 渲染器。打开渲染器设置（快捷键【F10】），选择"Common"【公共】面板下的"Assign Renderer"【指定渲染器】子面板，设置"Production"【产品】为"VRay Adv 2.10.01"，如图 7-35 所示。

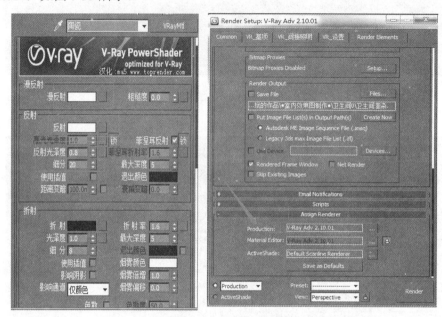

图 7-35　渲染器设置

（2）将标准材质转换为 VRayMtl（VRay 材质），如图 7-36 所示。

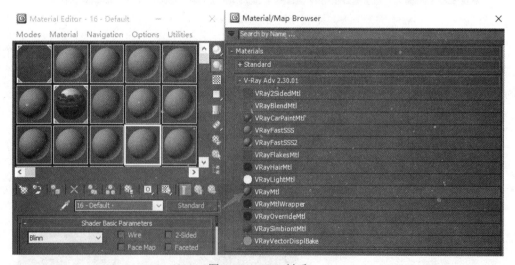

图 7-36　VRay 材质

（3）创建墙体材质，选择一个空白的材质球作为"墙体"的材质，将其转换成 VRayMtl（VRay 材质），将"Diffuse"【漫反射】设置为接近白色的颜色，设置微弱的反射，如图 7-37

所示,并在"Option"【选项】中取消勾选"Trace reflections"【反射】选项。

图 7-37 墙体材质

（4）选择一个空白的材质球作为"木地板"的材质,将其材质类型更改为 VRayMtl（VRay 材质）,在"Diffuse"【漫反射】贴图通道中添加一张无缝木地板的贴图,为贴图添加 UVW Map, 调整其参数及平铺值,如图 7-38 所示。

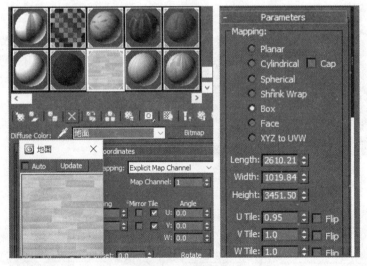

图 7-38 地板贴图

（5）选择一个空白的材质球作为"踢脚线"的材质,在"Diffuse"【漫反射】贴图通道中添加一张深色木纹的贴图。为贴图添加 UVW Map,调整其参数及平铺值,如图 7-39 所示。

（6）选择一个空白的材质球作为"玻璃推拉门"的材质,在【VRay】面板中设置其参数如图 7-40 所示,效果如图 7-41 所示。

（7）选择一个空白的材质球作为"入户门"的材质,在材质球中添加一张入户门的贴图,为贴图添加 UVW Map,调整其参数及平铺值,如图 7-42 所示,效果如图 7-43 所示。

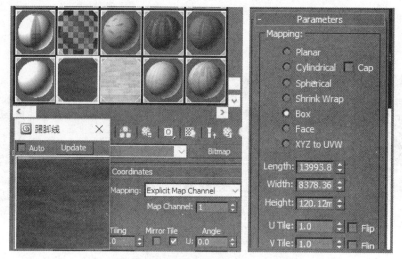

图 7-39　踢脚线贴图

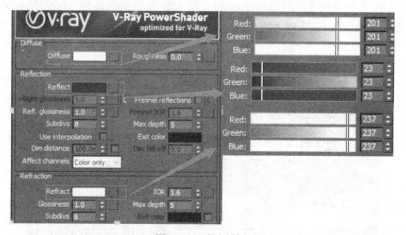

图 7-40　玻璃材质

图 7-41　玻璃效果

第 7 章 室内外场景的综合应用

图 7-42 入户门贴图　　　　　　　　图 7-43 入户门效果

7.1.3 室内灯光与摄像机设置

（1）为了方便切换场景，设置摄像机类型为【标准】，然后在前视图中创建一台客厅目标摄像机，接着调整摄像机位置及目标点的方向，使摄像机查看更确切，如图 7-44 所示。

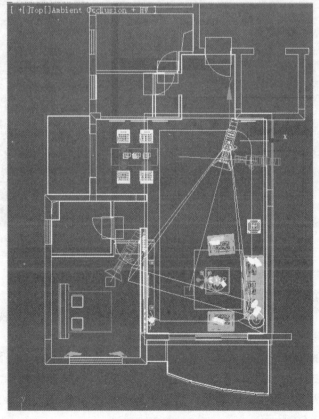

图 7-44 摄像机

(2)在厨房的位置创建一个目标摄像机,在透视图中按【C】键切换到摄影视图,按【P】键也可以回到透视图,如图7-45所示。

图7-45 摄像机

(3)应用"Cap"【封顶】命令,将房顶封上,如图7-46所示。

图7-46 封顶

(4)为了更清楚地看到室内,单击鼠标右键选择"Object properties"【对象属性】,勾选"Backface Cull"【背景忽略】,如图7-47所示。

(5)创建场景的主光源,使用 VRay 太阳来模拟室外的月光,在顶视图中,从阳台的方向向室内拖动以创建一个 VRay 太阳,调整高度及参数,如图7-48所示。

(6)为了让打的主光源能够进来,要遮挡阳光的物体进行排除,选择主光源,在【主光源】面板中选择"Extrude"【排除】,排除风景、阳台门,如图7-49所示。

(7)创建吊顶周围的灯带,在场景顶视图中创建4盏 VRay Light(VRay 灯光),调整其位置及参数,如图7-50所示。

第 7 章 室内外场景的综合应用

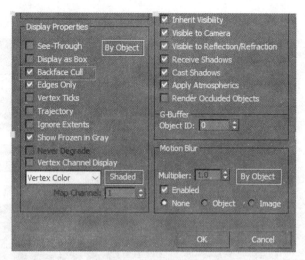

图 7-47 背景忽略

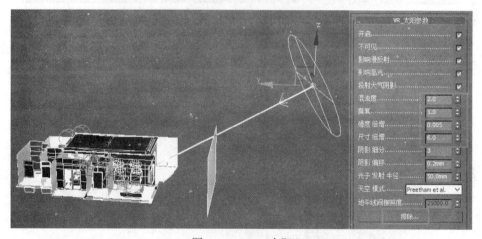

图 7-48 VRay 太阳

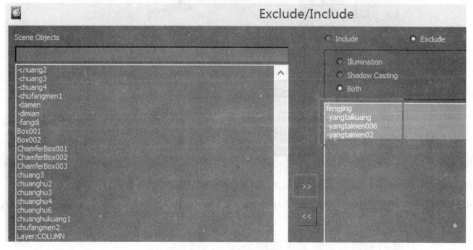

图 7-49 灯光排除

- 231 -

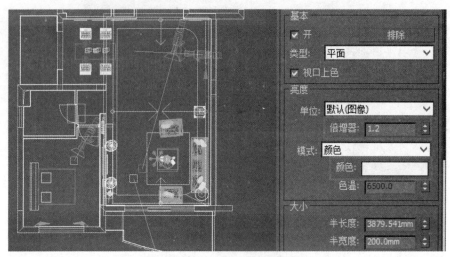

图 7-50　灯带位置及参数

（8）创建射灯，在电视背景墙上方创建两盏 Target light（目标灯光），如图 7-51 所示。下面需要为已创建的两盏灯光添加光域网效果。

图 7-51　目标灯光

（9）展开"General Parameters"【基本参数】卷展栏，设置"Light Distribution【光分布】"为"Photometric Web"【光度学文件】，展开"Photometric Web"【光度学文件】卷展栏，选择光域网文件"abc（14）.IES"；设置"Intensity"【强度】为 700，【颜色】为白色，如图 7-52 所示。

（10）利用光域网创建的射灯效果如图 7-53 所示。

（11）在室内创建一盏 Omni（补光灯），并调节灯光的参数。如图 7-54 所示。

第 7 章 室内外场景的综合应用

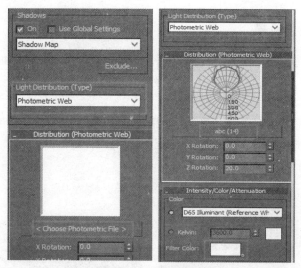

图 7-52 光度学文件

图 7-53 射灯

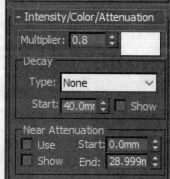

图 7-54 补光灯

7.1.4 室内渲染器设置

（1）按【F10】键打开【渲染设置】对话框，设置渲染器为 VRay 渲染器，单击"Common"【公用】选项卡，在"Common Parameters"【公用参数】卷展栏下渲染尺寸为 800×600，具体参数如图 7-55 所示。

（2）单击【VR_基项】选项卡，在【图像采样器（抗锯齿）】卷展栏下设置【图像采样器】的【类型】为【自适应细分】，开启【抗锯齿过滤器】，设置过滤器为"Area"【区域】，具体参数设置如图 7-56 所示。

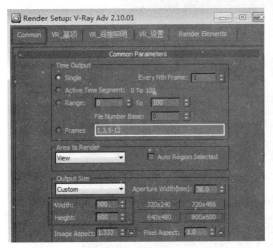
图 7-55　渲染尺寸

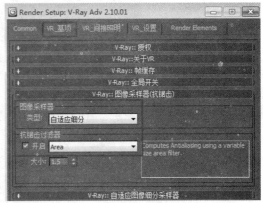
图 7-56　VR_基项设置

（3）单击【VR_间接照明】选项卡，在【间接照明（全局照明）】卷展栏下勾选【开启】选项，设置【首次反弹】的【全局光引擎】为【发光贴图】、【二次反弹】的【全局光引擎】为【灯光缓存】。

（4）展开【发光贴图】卷展栏，设置【当前预制】为高；展开【灯光缓存】卷展栏，设置【细分】为 1 000、【采样大小】为 0.02，具体参数如图 7-57 所示。

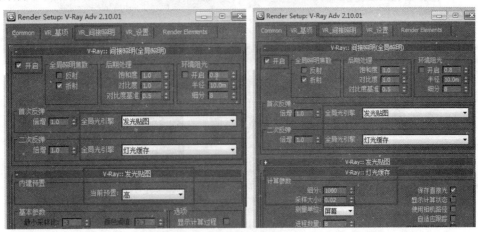
图 7-57　VR_间接照明参数

第 7 章 室内外场景的综合应用

（5）单击【VR_设置】选项卡，在【DMC 采样器】卷展栏下设置【自适应数量】为 0.85、【噪波阈值】为 0.005，具体参数如图 7-58 所示。

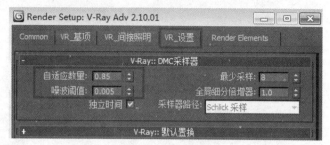

图 7-58　VR_设置

（6）最终渲染出的室内效果如图 7-59 所示。

图 7-59　室内效果

7.2　室外古代建筑的应用

生活中常常见到亭子、寺庙、楼台等古建筑，本节主要以典型的两层古代建筑为例，讲解古代建筑的制作方法，同时重点讲解古代建筑的贴图表现（展 UV）方法。

本节包括以下内容：
- 古代建筑模型的创建
- 古代建筑材质的制作
- 古代建筑灯光与摄像机设置
- 古代建筑渲染器设置

7.2.1　古代建筑模型的创建

古代建筑最终完成的效果如图 7-60 所示。

三维建模技术 3ds Max 项目化教程

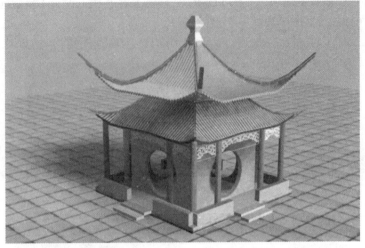

图 7-60 古代建筑完成的效果

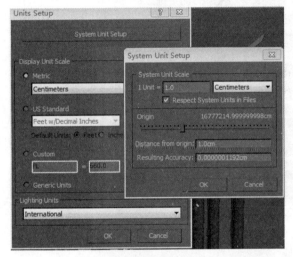

图 7-61 系统单位设置

打开 3ds Max 软件，将系统单位和显示单位统一为厘米，如图 7-61 所示，然后再进行后面的制作。

1. 古代建筑之凉亭的制作

凉亭主要是由飞檐、梁、柱、椽、雕梁画栋等结构组成，将使用多边形建模配合一系列创建。

（1）制作主题模型：亭身。切换到顶视图，在【创建】面板中单击 ，设置图形类型为 "Splines"【样条线】，接着单击 "Rectangle"【矩形】，"Length" 为 500 cm，"Width" 为 500 cm，"Corner Radius"【圆角半径】为 0，首先做亭身，如图 7-62 所示。

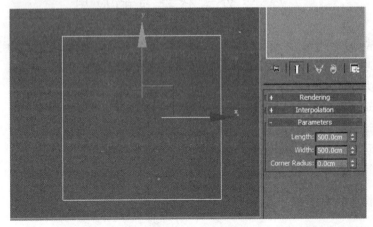

图 7-62 创建矩形

第 7 章 室内外场景的综合应用

（2）切换到面板，选中这个正方体，右击鼠标转化为样条线级别，在【选择】展栏下单击样条线按钮，进入样条线级别，选择整条样条线，如图 7-63 所示。

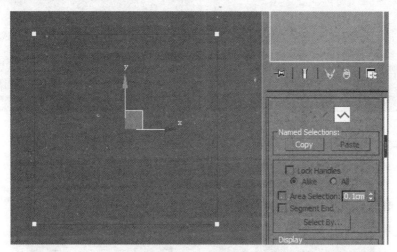

图 7-63 样条线

（3）展开【几何体】展栏，在【选择】展栏下单击【轮廓】按钮 Outline ，输入 20 cm 或按【Enter】键进行廓边操作，如图 7-64 所示。

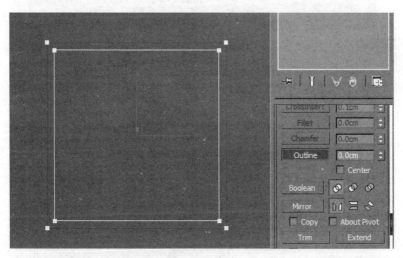

图 7-64 廓边

（4）将样条线右击转化为可编辑多边形，如图 7-65 所示，选择面级别挤出 400 cm，效果图如图 7-65 所示。

（5）切换到【创建】面板后单击 ，设置图形类型为"Splines"【样条线】，接着单击 Circle 【圆形】，画一个距离亭身 10 cm，半径为 130 cm 的圆形，如图 7-66 所示。

（6）将圆转化为可编辑多边形，"Exclude"【挤出】为 40 cm，效果如图 7-67 所示。

- 237 -

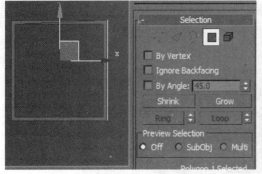
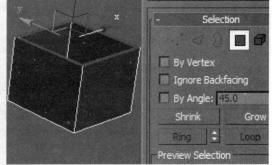

图 7-65 挤出

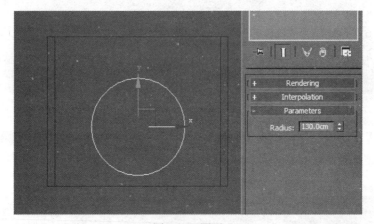

图 7-66 圆形

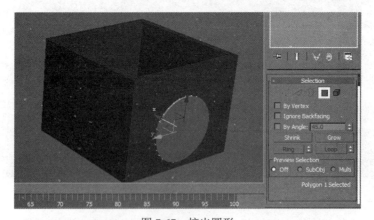

图 7-67 挤出圆形

（7）选中整个亭身，切换到【创建】面板后单击 【几何体】，设置图形类型为 Compound Objects 【复合对象】，单击 ProBoolean 【超级布尔运算】，再次单击 Start Picking 【拾取】，拾取对象为圆，效果如图 7-68 所示。

第 7 章 室内外场景的综合应用

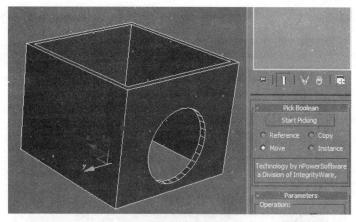

图 7-68 倒角剖面拾取

（8）根据上一步超级布尔运算重新画一个半径为 130 cm 的圆，在【创建】面板中单击 ，【标准几何体】，单击"Tude"【管状体】，"Radius1"【半径 1】为 130 cm，"Radius2"【半径 2】为 135 cm，"Height"为 25 cm，"Sides"【步数】为 25，具体参数如图 7-69 所示。

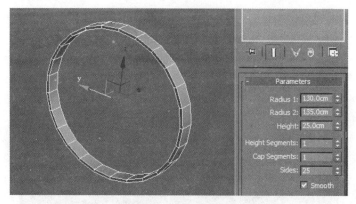

图 7-69 布尔运算圆

（9）将上一步做好的圆放在亭身相应的圆里，效果如图 7-70 所示。

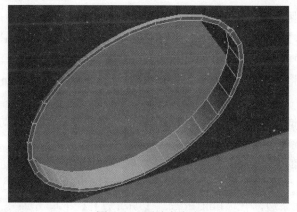

图 7-70 圆放在亭身

（10）将亭身的其他 3 个面也采用上两步相同的方法创建圆，效果如图 7-71 所示。

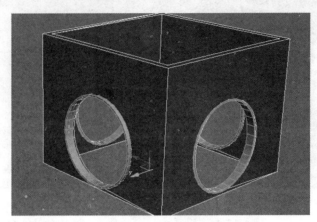

图 7-71　其他 3 个圆

2．一层模型

一层是建筑中最复杂也是最具代表性的部分，下面将详细讲解这部分模型的创建方法。

（1）切换到顶视图，选择图形中的"Rectangle"【矩形】按钮，创建一个矩形，尺寸为 500 cm×500 cm，如图 7-72 所示。

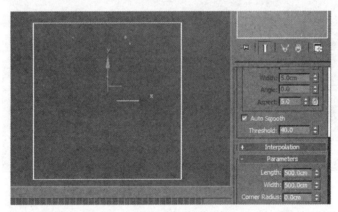

图 7-72　矩形

（2）选中矩形，执行右键快捷键菜单中的"Convert To"【转化成】|"Convert To Editable Poly"【可编辑多边形】命令，在多边形的【修改】面板下的"Selection"【选择】栏下单击■【多边形】按钮，选中模型的面，在"Edit Polygons"【编辑多边形】栏下单击 Inset 【插入】右侧的小黑框，将弹出的"Inset Amount"【插入数量】设为 125 cm，如图 7-73、图 7-74 所示。

（3）保持模型中间的面被选中的状态下，单击工具栏中的【移动】按钮，将绘图区下方的 Z 轴坐标设为 75 cm，如图 7-75 所示。

（4）按下键盘上的【Delete】键删除第（3）步操作中选中的模型的面，在模型的【边】层级下选中如图 7-76 所示模型斜边的边，在【修改】面板"Selection"【选择】栏下单击 Ring 【循环】按钮，选中四条边，在"Edit Edges"【编辑边】栏下单击 Connect 【连线】按钮右侧的小黑框，在弹出的对话框中将"Segments"【段】调整为1，如图7-76所示。

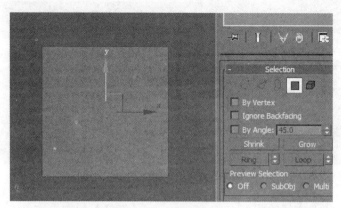

图7-73　可编辑多边形

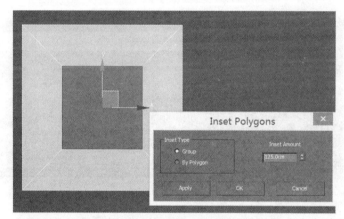

图7-74　插入数量

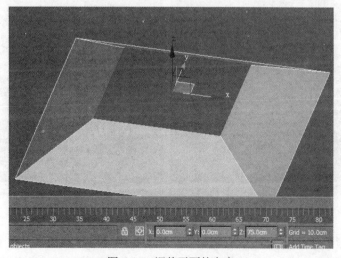

图7-75　调整平面的高度

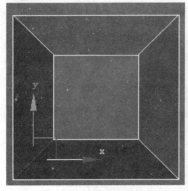
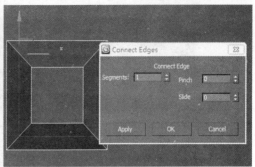

图 7-76 循环 1

（5）保持上一步选中线的状态，在"Selection"【选择】栏中再次单击【循环】按钮，在【编辑边】栏下再次单击【连线】按钮右侧的小黑框，在弹出的对话框中将"Segments"【段】调整为 1，如图 7-77 所示。

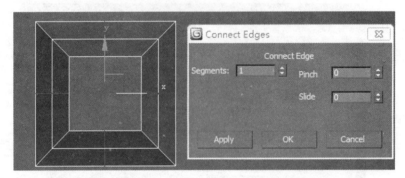

图 7-77 循环 2

（6）在顶视图上依次选择模型外侧的 4 个角点，使用 【缩放工具】向外等比例放大，如图 7-78 所示。

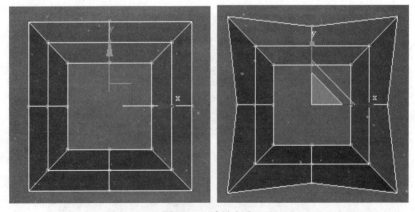

图 7-78 缩放角点

（7）在多边形的【修改】面板下的"Edit Geometry"【编辑几何体】栏下单击"Cut"【切割】按钮，开启捕捉，在如图 7-79 的位置切出一条线，选中与其相邻的两条边，在"Edit Edges"

【编辑边】栏下单击 Connect 【连线】按钮右侧的小黑框,在弹出的对话框中将"Segments"【段】调整为2,连接两条边,如图7-79所示。

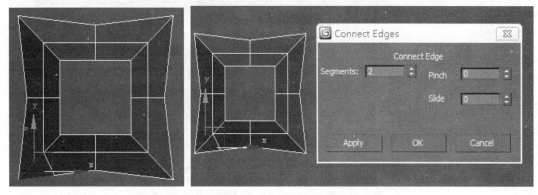

图7-79 【连线】、【切线】工具的使用

(8)切换到顶视图,调整点的位置,如图7-80所示。

(9)切换到前视图,选中如图7-81所示模型的顶点,同时勾选多边形的【修改】面板下的"Soft Selection"【软选择】栏下的"Use Soft Selection"【使用软选择】复选框。将"Falloff"【衰减】设置为125,使用 【移动】工具向上移动一段距离,将"Falloff"【衰减】设置为70,再次向上移动一段距离,将"Falloff"【衰减】设置为0,再次向上移动一段距离。此时,取消勾选"Use Soft Selection"【使用软选择】复选框,效果如图7-81所示。

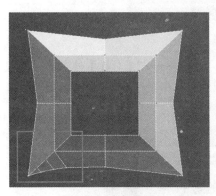

图7-80 点的位置

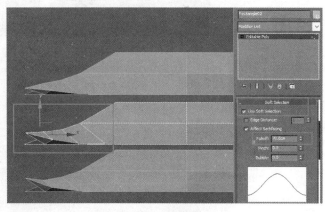

图7-81 软选择

(10)在做对称模型时,只需要做出其对称的一个单元的模型,剩下的部分可以使用"Symmetry"【对称】修改器完成。给模型添加上"Symmetry"【对称】修改器,单击"Symmetry"【对称】修改器左边的小黑色加号。在展开的列表下,单击修改器下的"Mirror"【镜像轴】,开启 【角度捕捉】工具,捕捉角度为45°,配合 【旋转】工具,顺时针方向绕Z轴旋转镜像轴45°,如图7-82所示。

(11)选中模型,再次添加"Symmetry"【对称】修改器,镜像轴选择X轴,并配合【捕捉】工具,绕Z轴旋转镜像轴,观察模型的变化,完成模型的一半,如图7-83所示。

三维建模技术 3ds Max 项目化教程

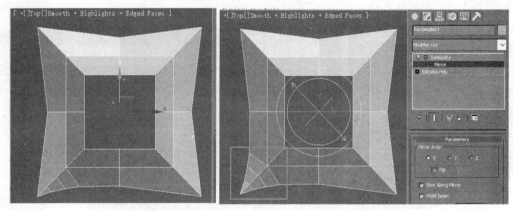

图 7-82　添加"Symmetry"【对称】修改器

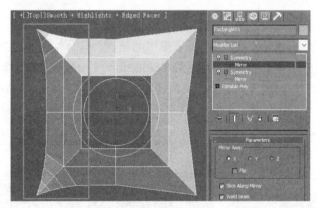

图 7-83　第二次对称

（12）在保持模型被选中的状态下，第三次为其添加"Symmetry"【对称】修改器，镜像轴选择 X 轴，并配合【捕捉】工具，绕 Z 轴旋转镜像轴，观察模型的变化，使模型完全对称，如图 7-84 所示。

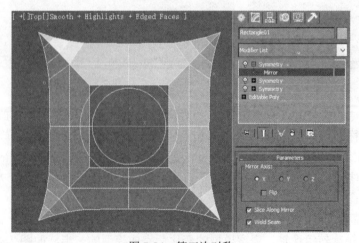

图 7-84　第三次对称

第 7 章 室内外场景的综合应用

（13）初步的顶部外形已经出来了，接下来，需要补充制作顶部的其他部分。选中模型，执行右侧快捷菜单"Convert To"【转化成】|"Convert To Editable Poly"【转化成可编辑多边形】命令，激活前视图，在多边形的"Border"【边界】子层级下，选中模型的外侧的边界，使用【移动】工具，同时按住键盘上的【Shift】键向下拖动复制边界，拖动的距离大概为 4 cm，如图 7-85 所示。

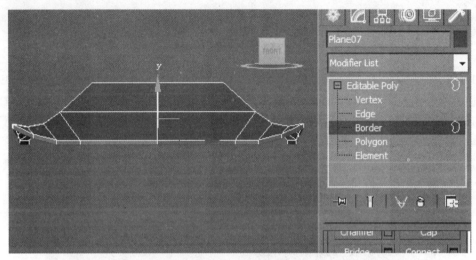

图 7-85 向下复制边界

（14）单击工具栏中的【等比例缩放】按钮，在保持模型外边界被选中的状态下，同时按住键盘上的【Shift】键向下拖动复制边界，并且把复制出来的边界沿 Z 轴向上移动一段距离，这个距离以不伸出顶部表面为限，如图 7-86 所示。

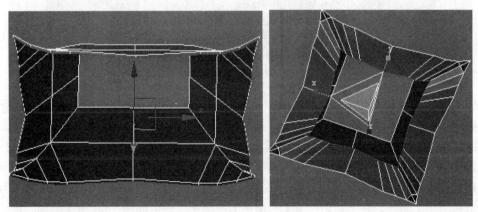

图 7-86 缩放边界

（15）在模型的"Border"【边界】层级下，选中上方的边界，使用【移动】工具的同时按住键盘上的【Shift】键向上复制一段距离，此时，使用【缩放】工具向内并同时按住键盘上的【Shift】键缩放一段距离，使用【缩放】工具向外放大，如图 7-87 所示。

- 245 -

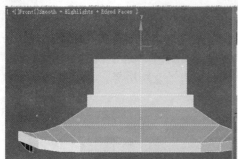
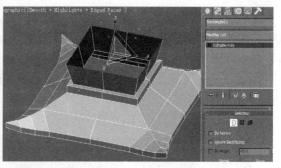

图 7-87　缩放以及复制

（16）在模型的【边】层级下选中如图 7-88 所示的边，在【修改】面板的 "Edit Edges"【编辑边】栏下单击 "Create Shape From Selection"【利用所选内容创建图形】按钮，在弹出的 "Create Shape"【创建图形】对话框中的 "Shape Type"【图形类型】里选择 "Linear"【线性】单选按钮，就创建了一根样条线，如图 7-88 所示。

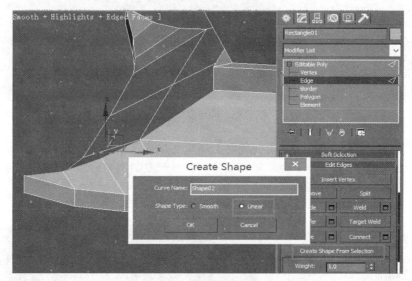

图 7-88　创建样条线

（17）选择第（16）步创建的样条线，在修改列表中按【R】键添加 "Renderable Spline"【可渲染样条线】修改器，在 "Parameters"【参数】面板中勾选 "Enable In Renderer、Enable In Viewport、Generate Mapping Coords"，类型选择 "Rectangular"【矩形】，并设置【长】为 18 cm，【宽】为 9 cm，效果如图 7-89 所示。

（18）选中放样后生成的模型，执行右键快捷键菜单中的 "Convert To"【转换】| "Poly"【可编辑多边形】命令。在多边形的【多边形】层级下，选中如图 7-90 所示的面，使用【移动】工具调整其位置。

（19）在多边形的【多边形】层级下选中模型如图 7-91 左图所示的面，执行两次【挤出】命令，挤出的高度为 25 cm。添加合适的线段，如图 7-91 右图所示。

（20）在多边形的【顶点】层级下，依次选中模型外侧下方的顶点，单击【目标焊接】按钮，焊接到上方相对应的顶点。然后向上移动中间的顶点，如图 7-92 所示。

第 7 章 室内外场景的综合应用

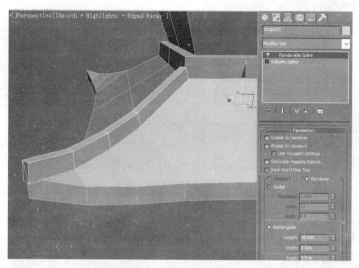

图 7-89 渲染样条线

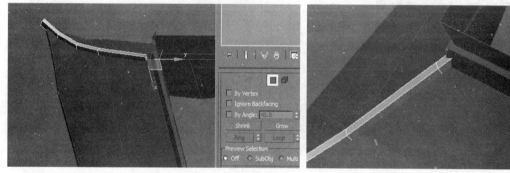

图 7-90 转化为可编辑多边形

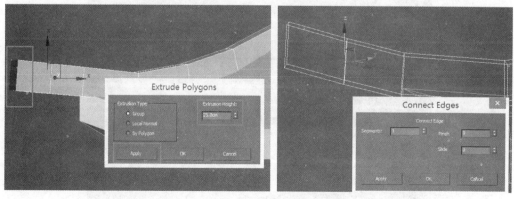

图 7-91 加线段

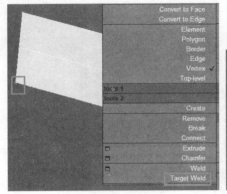
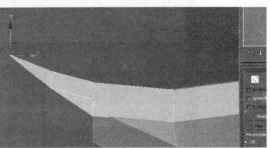

图 7-92 焊接

（21）切换到顶视图，开启 【角度捕捉】工具，捕捉角度为 45°，配合 【旋转】工具，按住【Shift】键进行旋转复制，选择实例复制 3 个，效果如图 7-93 所示。

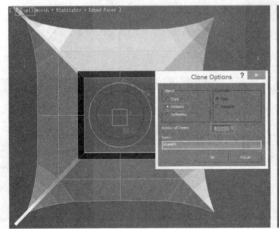
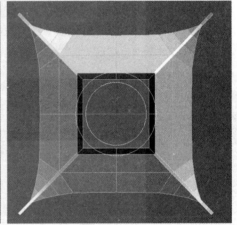

图 7-93 旋转复制

（22）一层的模型效果如图 7-94 所示。

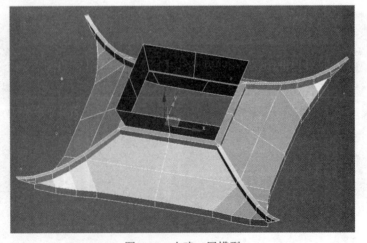

图 7-94 古建一层模型

第 7 章 室内外场景的综合应用

3. 二层模型

此二层模型和一层模型创建方法一样（简模，后期通过贴图来实现），把一层模型复制上来，保留相同的部分，把上面不同的部分删除，然后绽放，创建上面的部分，这里就不再一一讲解了。

下面介绍另一种精模的实现方法，可以选做。

（1）将二层做成一个精模，创建椽，切换到【创建】面板中单击 ◯，然后设置图形类型为 Standard Primitives 【标准几何体】，单击 Cylinder 【圆柱体】，切换到前视图，设"Radius"为 9.5 cm，"Height"为 511 cm，"Height Segments"为 5，"Sides"为 10，创建好这个图形后单击 ◯【旋转】按钮，具体参数效果如图 7-95 所示。

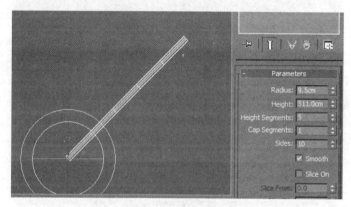

图 7-95　创建椽

（2）保持选中上一步的状态，执行右键快捷键菜单中的"Convert To"【转换】|"Poly"【可编辑多边形】命令。在多边形的 ■【多边形】层级下，选中面，（因为圆柱的"Sides"为 10，圆柱上下的两个面删除后，再删圆柱的一半面也就是 5 Sides）按键盘上的【Delete】键删除，如图 7-96 所示。

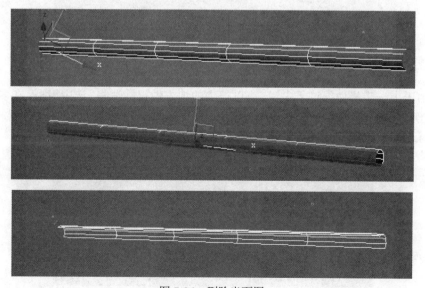

图 7-96　删除半面图

(3) 在多边形的 【顶点】层级下，选中如图 7-96 所示的点层级，使用【移动】工具调整顶点的位置，调整效果如图 7-97 所示。

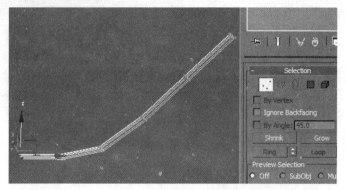

图 7-97　调整点的位置

(4) 切换到【修改】面板，选中这个模型，使用 Cut 【切割】工具，在多边形的 【多边形】层级下，选中切割后的面按【Delete】键删除，具体位置效果如图 7-98 所示。

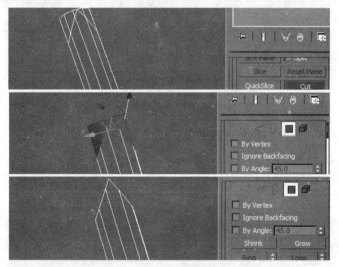

图 7-98　切割

(5) 由于上一步橡做得过于尖锐，可以把尖的地方做得圆滑些。选中模型，在多边形的【顶点】层级下，沿着 Y 轴向下拉一小段距离，效果如图 7-99 所示。

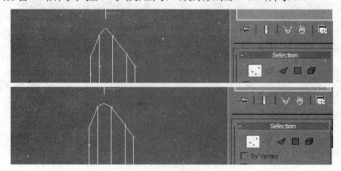

图 7-99　橡圆滑

第 7 章　室内外场景的综合应用

（6）选中橡，分别向橡左右复制 20 个，切换到顶视图，如图 7-100 所示。

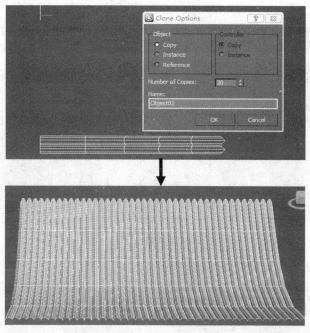

图 7-100　左右依次复制 20 个效果

（7）把复制好的橡附加在一起，在【修改】面板找到 QuickSlice 【射线】，和使用"Cut"【切割】的用法一样，切换到【修改】面板后选中切好之后的面，按键盘上的【Delete】键删除，效果如图 7-101 所示（复制好之后一共有 41 根橡，先做好一边，另一边做法相同）。

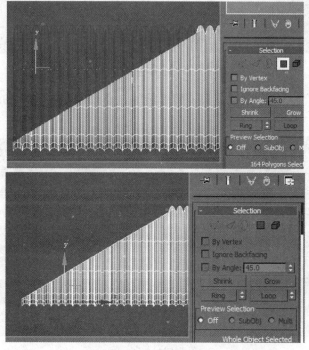

图 7-101　射线工具

(8) 选中模型，在【修改】面板输入"FFD 3×3×3"，调整点，再输入"FFD（box）10×10×4"，如图 7-102 所示。

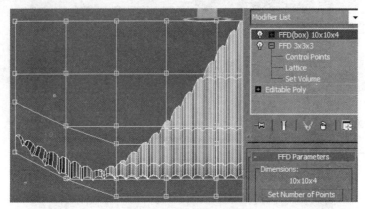

图 7-102　自由变形工具

(9) 调整好点之后，效果如图 7-103 所示。

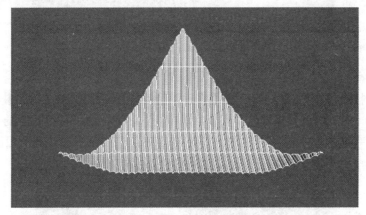

图 7-103　二层部分椽

(10) 二层的一个面已经创建完成，镜像旋转，再"Attach"【附加】，二层最终效果如图 7-104 所示。

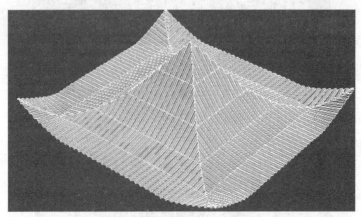

图 7-104　二层椽

(11) 二层最上面葫芦的样子，切换到【创建】面板中单击 ，设置图形类型为 Splines 【样条线】，接着单击 Line 【线】，创建一条样条线，再创建 "Rectangle"【矩形】，具体参数效果如图 7-105 所示。

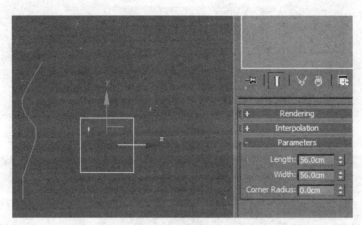

图 7-105　创建样条线

(12) 给矩形添加 "Bevel Profile"【倒角剖面】修改器，在【修改】面板下单击 Pick Profile 【拾取剖面】按钮，拾取在前视图创建的样条线，【修改】面板下的 "Capping"【封口】选项中只勾选 "End"【末端】选项，如图 7-106 所示。

 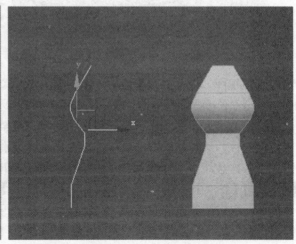

图 7-106　倒角剖面

(13) 切换到【修改】面板，将上一步做好的 "葫芦" 放在二层椽上面（二层飞檐参照一层飞檐做法即可），具体位置如图 7-107 所示。

4. 底座和亭柱部分

(1) 制作亭子的底座。在顶视图创建一个 "Box"【正方体】，长为 800 cm，宽为 800 cm，高为 70 cm，如图 7-108 所示。

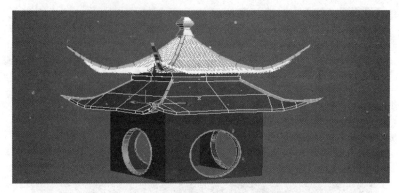

图 7-107 二层效果

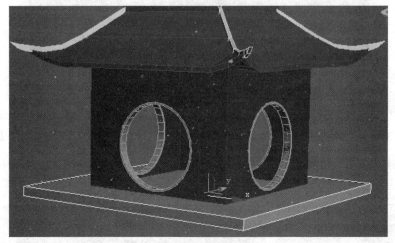

图 7-108 底座

(2) 切换到顶视图,在【创建】面板中单击 ,设置图形类型为"Splines"【样条线】,单击"Line"【线】,长度是底座长度的 1/3,如图 7-109 所示。

(3) 保持样条线被选中的状态,复制旋转 90°,调整至合适位置,如图 7-110 所示。

(4) 切换到面板,选中线,右击鼠标转化为样条线级别,再【选择】展栏下单击 【样条线】按钮,进入样条线级别,接着选择整条样条线,展开【几何体】展栏,在【选择】展栏下单击 Outline 【轮廓】按钮,输入 30 cm 或按【Enter】键进行廓边操作,如图 7-111 所示(选择点级别,选中两条线的交叉点,在【修改】面板下找到"Weld"【焊接】,这样两条线就成一条线了)。

(5) 保持样条线被选中的状态,右击鼠标转化为可编辑多边形,选中面级别,"Exclude"【挤出】60 cm,具体效果如图 7-112 所示。

(6) 选中上一步创建好的护栏,旋转实例复制 3 个,效果如图 7-113 所示。

(7) 做亭子四周的柱子:切换到【创建】面板后单击 ,设置图形类型为"Splines"【样条线】,单击 Circle 【圆】,设高为 405 cm、半径为 16 cm、步数为 8 的圆形,具体参数如图 7-114 所示。

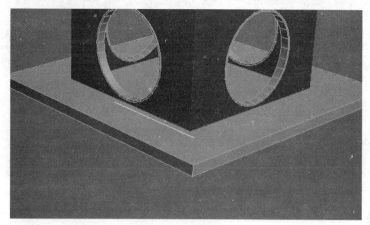

图 7-109　样条线

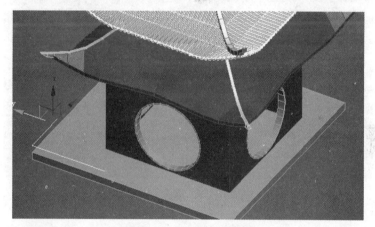

图 7-110　复制旋转样条线

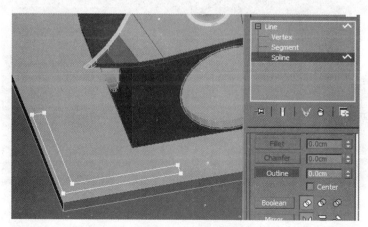

图 7-111　廊边

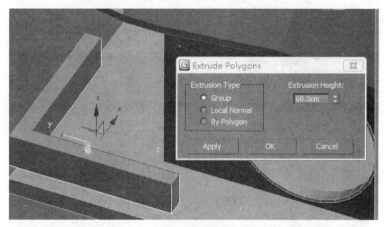

图 7-112 挤出

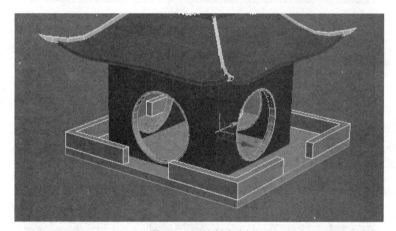

图 7-113 旋转复制

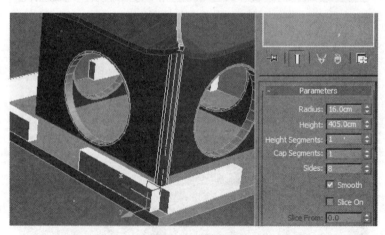

图 7-114 创建圆

（8）选中上一步创建好的亭柱，旋转实例复制，调整至适当位置，最终效果如图 7-115 所示。

图 7-115　旋转复制柱子

（9）做亭柱四周的雕梁，选中亭柱、亭身，切换到前视图，在【创建】面板中单击 ，单击 "Plane"【面片】，设长为 145 cm、宽为 75 cm，其他 3 片镜像做成，具体位置效果如图 7-116 所示（这步可以省略、选做，不过做了后，古建整体模型比较美观）。

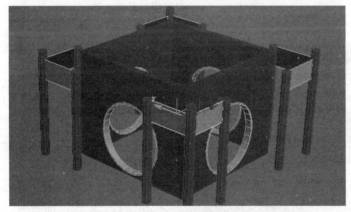

图 7-116　四周雕梁

（10）用上一步同样的方法创建镂空面片，如图 7-117 所示。

图 7-117　创建镂空面片

(11) 古代建筑模型最终完成的效果如图 7-118 所示。

图 7-118　古代建筑模型最终效果

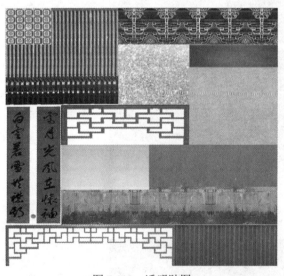

图 7-119　透明贴图

7.2.2　古代建筑材质贴图的实现

古代建筑的模型部分已经完成，接下来需要给模型贴图。如图 7-119 所示，是处理好的一张 png 格式透明贴图图片。

古代建筑的贴图可以分为：不规则类型贴图和规则类型贴图两类。其中楼顶部分的模型属于不规则贴图，需要通过调整局部形状和位置去贴图，而台明、柱子等属于规则贴图，只需要整体调整其形状和位置。

注意：部分模型外形不规则，但是贴图方式规则，可以归类到规则模型贴图里。

（1）给古代建筑的一层顶部贴图，此部分的模型是对称的，只需要给对称的一个部分贴图就可以了。选中一层顶部的模型，把楼身的镂空贴图赋予模型。给模型添加"Unwrap UVW"【展开 UVW】修改器。在"Unwrap UVW"【展开 UVW】修改器的"Face"【面】层级下，单击【修改】面板下的 【编辑】按钮，弹出"Edit UVWs"【编辑 UVW】窗口。在弹出的【编辑 UVW】的窗口里显示贴图并隐藏蓝色背景网格，具体如图 7-120 所示。

（2）选中模型如图 7-119 所示面，在【编辑 UVW】窗口里单击右键，在弹出菜单里单击"Break"【打断】选项。单击"Edit UVWs"【编辑 UVW】窗口下的 【过滤选定面】按钮，使其呈 状，如图 7-121 所示。

第 7 章 室内外场景的综合应用

图 7-120 展开 UVW

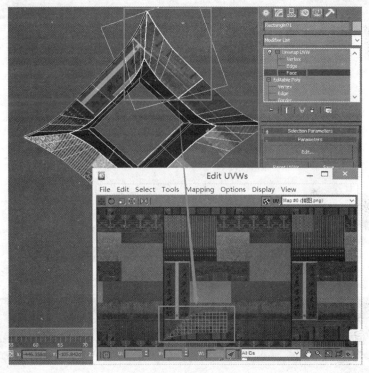

图 7-121 编辑 UVW

（3）在"Unwrap UVW"【展开 UVW】修改器的"Vertex"【顶点】层级下，选中如图 7-122 所示的顶点，在窗口下方的状态栏里复制其 V 方向对应的坐标值。把此坐标值粘贴给另外与其平行的顶点对应的 V 方向的坐标值，使其分布在一个水平线上。使用同样的方法使下方的顶点分布到一个水平线上。然后把其位置放置到贴图对应的位置上，如图 7-122 所示。

（4）这一部分的面完成贴图后的效果如图 7-123 所示。

（5）在"Unwrap UVW"【展开 UVW）修改器的"Face"【面】层级下选中模型如图 7-124 所示面，打断选中的面并过滤显示在"Edit UVWs"【编辑 UVW】窗口里，单击【修改】面板下的 Quick Planar Map 【快速平面贴图】按钮，使所选的面快速地展平。参照上一个步骤的方法，

- 259 -

调整顶点，然后放置到贴图上对应的位置，如图 7-124 所示。

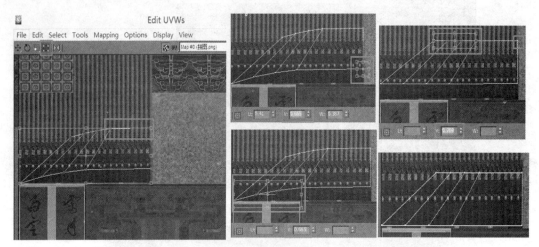

图 7-122　顶点调型

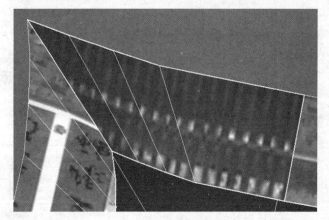

图 7-123　部分贴图

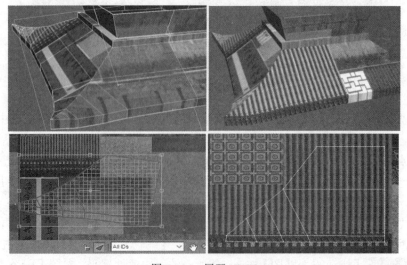

图 7-124　展开 UVW

(6) 依照上面的操作，把上面的 3 个面分别进行展开贴图，如图 7-125 所示。

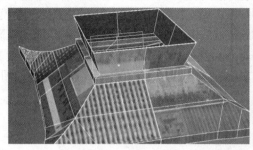
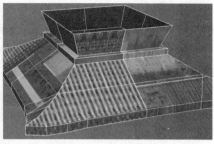

图 7-125　展开贴图

(7) 此时，模型的对称的一单元的贴图已经贴好了。可以参照创建模型的过称，给模型添加 3 个"Symmetry"【对称】修改器，每添加一次修改器时配合开启 45°角度捕捉并使用【旋转】工具旋转镜像轴，最终使其达到完全对称的效果，如图 7-126 所示。

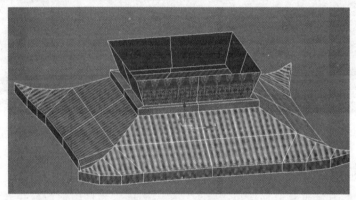

图 7-126　一层贴图

(8) 给亭身贴图并添加【展开 UVW】修改器。在【展开 UVW】修改器的 "Face"【面】层级下，选中如图所示面，在右键菜单里执行 "Break"【打断】，在【修改】面板下单击 Cylindrical【柱形】按钮两次，使选中的面以柱形展开，调整到贴图上对应的位置，用同样的方法把亭子四周的面调整到相应的位置。然后选中亭子四周部分的面，单击【修改】面板下的 Planar 【平面】按钮 2 次，调整其位置到贴图上对应的位置，如图 7-127 所示。

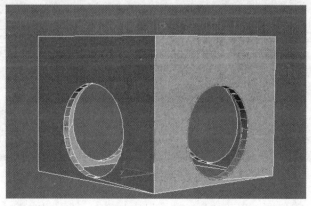

图 7-127　亭身贴图

（9）参照以上贴图方法，完成整个古代建筑的贴图，选中模型中的一个模型，单击【修改】面板下的 Attach 【附加】按钮，选择使用相同材质贴图的模型，使其附加到一个模型上。

（10）给场景创建一个长和宽各为 1 100 cm 的平面做地面来表现楼阁在地面的投影。赋予平面一张地面的贴图，给其添加"UVW Mapping"【UVW 贴图】修改器，在【修改】面板下将"U Tile"【U 向平铺】和"V Tile"【V 向平铺】都设置为 30。最后完成的效果如图 7-128 所示。

图 7-128　古代建筑贴图

7.2.3　古代建筑灯光与摄像机设置

（1）室外场景中需要有主光源和环境光，所有的灯光都是模拟自然状态下的灯光效果。单击"Create"【创建】|"Lights"【灯光】|"Target Direct"【目标平行光】，创建一个平行光来模拟太阳光，参数设置如图 7-129 所示，灯光的颜色用暖色调。

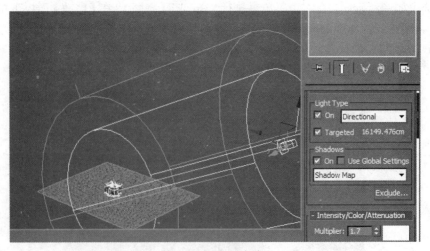

图 7-129　灯光角度

（2）选择最完美的角度，单击"Free"【自由相机】，按键盘上的【Ctrl】+【C】，如图

7-130 所示。

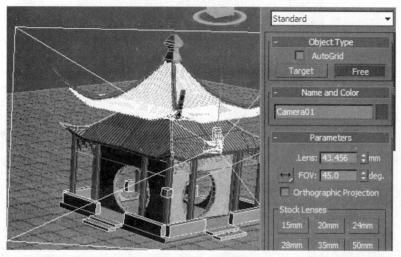

图 7-130　摄像机图

（3）单击"Create"【创建】|"Lights"【灯光】|"Skylight"【天光】，创建一个天光模拟环境光，参数的设置如图 7-131 所示，灯光的颜色用冷色调。

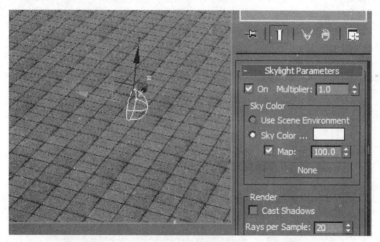

图 7-131　天光

7.2.4　古代建筑渲染器设置

（1）按【F10】键打开【渲染设置】对话框，设置渲染器为"Default Scanline Renderer"【默认扫描线渲染】，如图 7-132 所示。

（2）单击"Common"【公用】选项卡，在"Common Parameters"【公用参数】卷展栏下渲染尺寸为 800×600，具体参数如图 7-133 所示。

（3）打开"Advanced Lighting"【高级照明】面板，在"Select Advanced Light"【选择高级照明】面板中选择"Light Tracer"【高级光追踪】选项，"Bounces"【反弹值】为 1，效果如图 7-134 所示。

图 7-132 渲染器的设置

图 7-133 渲染图片大小设置　　图 7-134 灯光参数设置
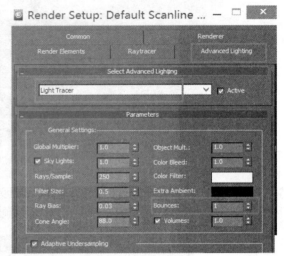

（4）按【Shift】+【Q】键渲染当前场景，最终渲染效果如图 7-135 所示。

图 7-135 最终效果

7.3 校园场景的实现（根据现场建模）

本节主要以数字校园（选取一部分）为主题，练习的是室外场景实现的综合项目，严格按照企业真实项目的流程来实现：素材的采集与处理、模型的创建、贴图的实现、灯光与摄像机的实现、渲染出效果图。其中三维场景的模型主要包含地形的创建和建筑的实现两大种类。本节包括以下内容：
- 校园地形的创建
- 校园建筑的创建
- 校园场景贴图材质与摄像机设置
- 校园场景灯光与渲染设置

最终完成的校园效果如图 7-136 所示。

图 7-136　校园效果

7.3.1　校园地形的创建

1. 前期准备

（1）打开 3ds Max，将系统单位和显示单位统一为米，以确保后期综合每个建筑到一个场景的尺寸统一，如图 7-137 所示。

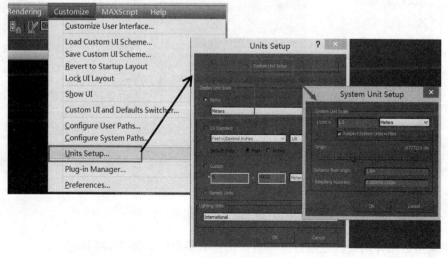

图 7-137　单位设置

（2）新建一个面片做地形参考，调整面片至适当的位置和大小，如图 7-138 所示。

图 7-138　地面

（3）把学校的平面图赋在 plane01 上，此时，会发现场景中的 plane 上的图片清晰度不是很高，我们需要调整图片在视图中的清晰度。打开菜单"Customize"|"Preferences"，在弹出的对话框中找到"Viewports"【视口】面板，选择"Configure Driver"【设置驱动】子面板，设置背景图片的尺寸和下载图片的尺寸分别为 1 024 和 512，如图 7-139 所示。

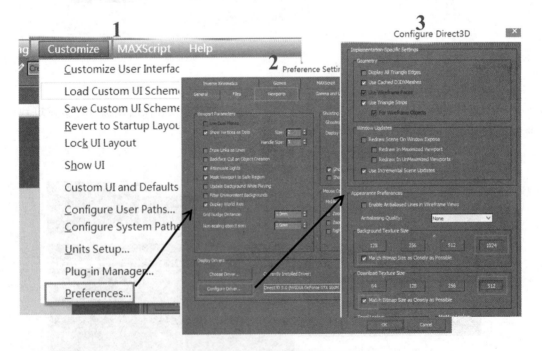

图 7-139　调节图片的清晰度

（4）调整后保存场景，重新打开场景，图片效果对比如图 7-140 所示。

第 7 章 室内外场景的综合应用

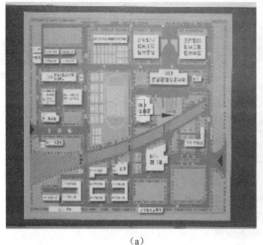 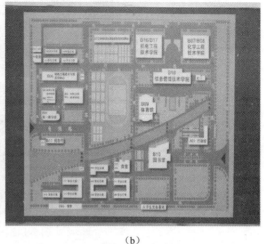

(a) (b)

图 7-140 图片清晰度对比

(a) 调整前；(b) 调整后

(5) 调整参考图片的大小，在图中找一参照物（篮球场），根据国际篮联标准：篮球场地长 28 米，宽 15 米。切换到顶视图，创建一个长方体，设置长 28 米，宽 15 米，放到对场景中对应的位置，按【Alt】+【X】键，使长方体在场景中以半透明的形式显示。绽放下面的面片，直到面片上的篮球场和刚创建的长方体完全重合，大小一致，这样面片（底面）的大小就确定了（真实的尺寸），如图 7-141 所示。

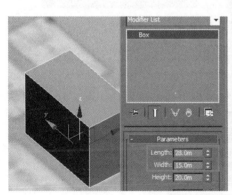 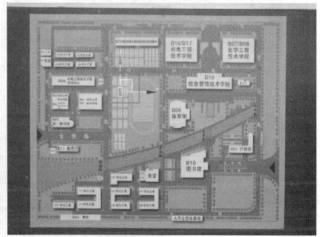

图 7-141 通过参照物调整底图的真实尺寸

(6) 重新调整面片位置，把面片的坐标调整为（0，0，-10），如图 7-142 所示。

(7) 底图位置确定好后，冻结物体，以备后期描线来用。选择面片右击，在弹出的菜单中选择"Object Properties"【物体特性】，在弹出的对话框中把"Show Frozen in Gray"【以灰色显示冻结物体】勾选去掉，再选择面片右击，在弹出的菜单中选择"Freeze Selection"【冻结所选择的】，冻结物体，如图 7-143 所示。这样建模前期准备工作就完成了。

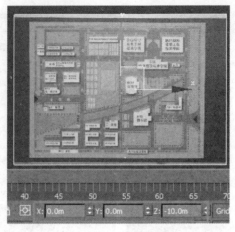

图 7-142 底图位置

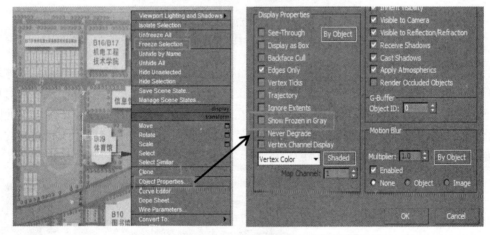

图 7-143 冻结物体

2. 地形的创建

下面将选取校园右边的部分地形做一讲解：

（1）通过"Line"【线】工具，先对主干路进行描线并调整点的位置，如图 7-144 所示。

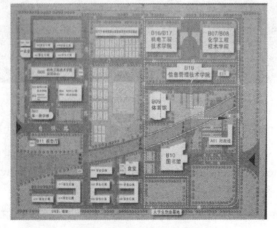

图 7-144 主干路线条

（2）选中上一步描的线条，在修改列表中按【R】键添加"Renderable Spline"【可渲染样条线】修改器，然后在"Parameters"【参数】面板中勾选"Enable In Renderer、Enable In Viewport、Generate Mapping Coords"，类型选择 Rectangular（矩形），并设置长为 20 m（高度多大都行），宽为 13 m（路宽），效果如图 7-145 所示。

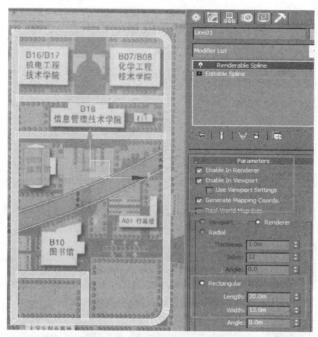

图 7-145　可渲染样条线

（3）用相同方法，选中河两边的路线条，添加可渲染样条线，设置同样的高度。把以上所有的样条线转换成可编辑多边形，切换到前视图，选择下边的面，如图 7-146 所示。

图 7-146　可编辑多边形，选面

（4）删除上一步所选的面，调整剩下部分的线条，使用"Cut"【切线】工具，调整、焊接路的交叉处，如图 7-147 所示。

（5）选中路的模型，打开场景助手（此为插件，需提前安装的），选择【随机操作】弹出对话框，选择【轴心归底】，再选择【最低点归零】，把前面创建的路面模型调整到零平面，如图 7-148 所示。

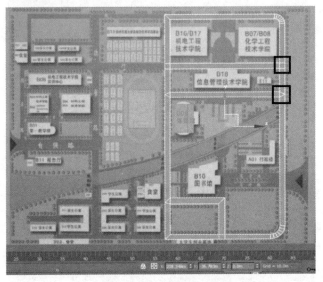

图 7-147　调整路的线条

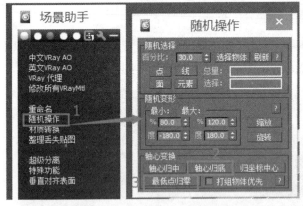 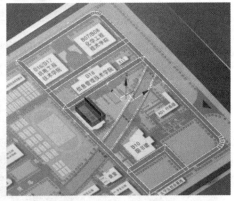

图 7-148　场景助手，归零

（6）展开可编辑多边形，点选线条子层级，选择如图 7-149 所示的线条，选右边面板上"Cap"【封盖】工具进行封面。选中刚添加的面，在子面板中单击"Detach"【分离】工具，将面分离，如图 7-149 所示。

（7）选择分离出来的面，按【Alt】+【X】键，使其半透明显示，然后选择"Cut"【切线】工具，依照底图的形状切出相应的线条，如图 7-150 所示。

（8）做路牙模型，选中需要做路牙的线段，选择【修改】面板中的【根据选择创建图形】创建新的图形，为新的图形添加【渲染样条线】，矩形（0.12 m×0.27 m），如图 7-151 所示。

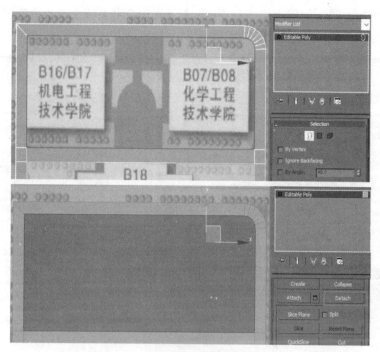

图 7-149 添加面

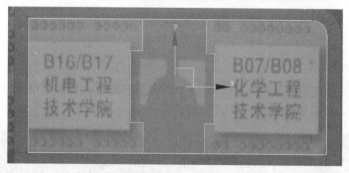

图 7-150 地形线条

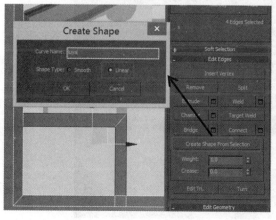
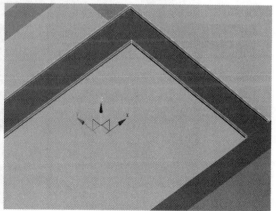

图 7-151 路牙

（9）用相同的方法，使用【切线】、【连线】、【图形合并】等工具继续完善地形，完善河面模型，同时完成其他地块，如图 7-152 所示。

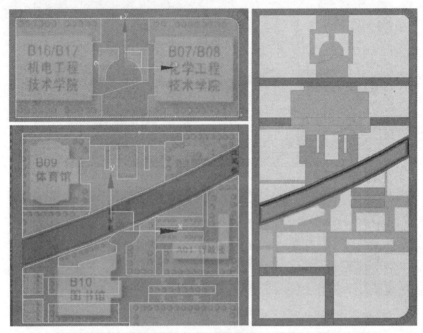

图 7-152　地形模型

7.3.2　校园建筑的创建

（1）根据前面小节里的底图，在顶视图中描出相应的建筑轮廓，然后挤出一定的高度，模拟校园的建筑，如图 7-153 所示。

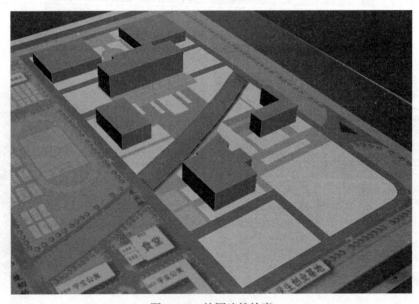

图 7-153　校园建筑轮廓

(2) 在这些建筑中主要以综合大楼为例讲解简模的创建，其他建筑模型作为辅助衬托置于场景对应的位置，为了进一步美化场景，可以把辅助的建筑模型做成晶格的形式。选中的所有辅助建筑模型，按【Ctrl】+【V】键原位置再复制出一个模型（当前有两个相同的模型重合在一起），选择其中的一个模型，在修改列表中按【L】键选择弹出"Lattice"【晶格】修改器，调整参数为建筑添加晶格。然后选择另一相同的建筑为其添加半透明材质，调整完成后的效果如图7-154所示。

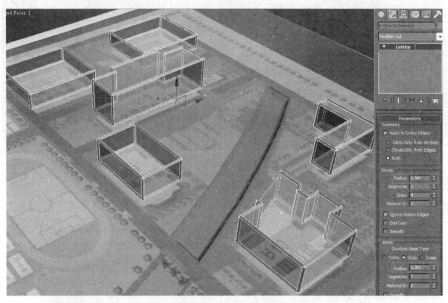

图 7-154　建筑晶格

(3) 综合大楼模型的创建，在顶视图创建矩形画出综合楼的地基线，转化为可编辑多边形；在面层及上挤出60，如图7-155所示。

图 7-155　挤出

(4) 创建几个面片，调整至适当的大小，贴好图片，为模型提供参考，如图7-156所示。

图 7-156 参考面的创建

注意：由于综合楼的结构关于中垂线对称，因此可以只需要对其中的一半进行建模，后期添加镜像或对称就可以了。

（5）按照实际的规格在可编辑多边形的线层级上连线，做出几条线，如图 7-157 所示。

图 7-157 做辅助线

图 7-157 做辅助线（续）

（6）按照实际的规格修改侧面的部分线，删除前后的部分线，如图 7-158 所示。

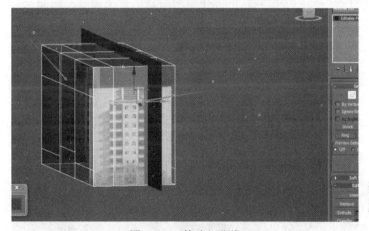

图 7-158 修改部分线

（7）在线都加好的前提下，检查一下是否有破面的错误和废点，如图 7-159 所示。

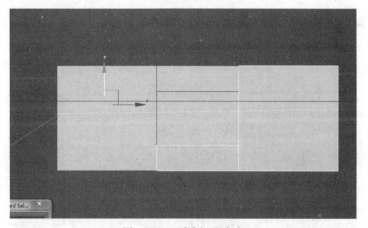

图 7-159 删除部分废点

（8）为了简便地建模，只做模型的一部分，所以要删除一些面，如图 7-160 所示。

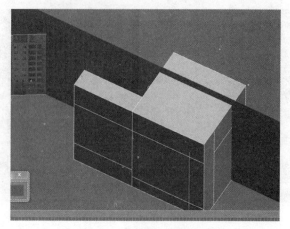

图 7-160　删除一部分面

（9）对有明显突出的地方进行挤出，让模型更接近真实模型，如图 7-161 所示。

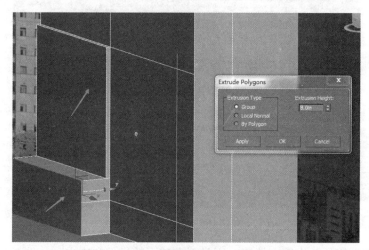

图 7-161　挤出部分面

（10）删除模型中的一些废点、废线，防止后面贴图受到影响，如图 7-162 所示。

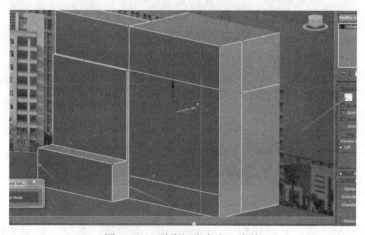

图 7-162　删除部分废点、废线

（11）综合楼模型创建完成之后效果如图 7-163 所示。

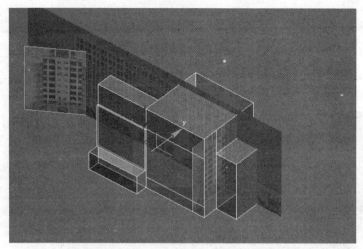

图 7-163 综合楼简模

7.3.3 校园场景贴图材质与摄像机设置

1. 地形整理贴图

（1）对规划好的地形贴图进行分离、合并整理，把需要贴相同材质贴图的模型或面片附加成一个模型并命名，如"caodi"（草地）、"guangchang"（广场）模型附加完成后如图 7-164 所示。

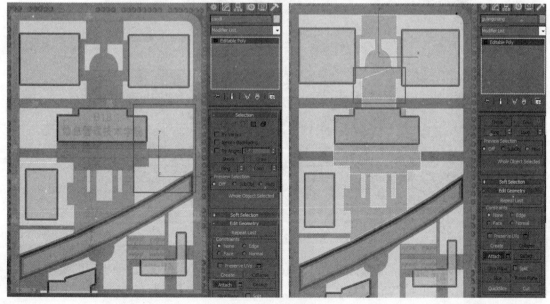

图 7-164 整理地形

（2）"草地"贴图，选中"caodi"（草地）模型，添加草地的贴图，在修改列表中按"U"键选"UVW Maping"为贴图添加坐标，在【修改】面板的贴图类型中选择"Planar"，在平铺值中为 U 向输入 10，在 V 向输入 10，草地贴图完成后的效果如图 7-165 所示。

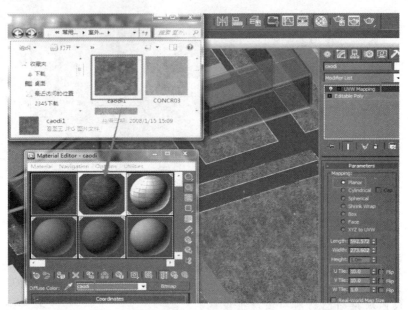

图 7-165　草地贴图

（3）公路贴图，选中"gonglu"（公路）模型，添加公路的贴图，由于路的贴图中间带有双黄线的纹理，这里采用展 UV 的方式进行贴图调整。在修改列表中按"U"键选"Unwrap UVW"，为贴图添加坐标，如图 7-166 所示。

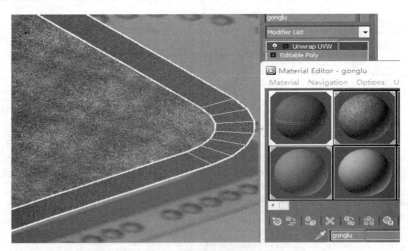

图 7-166　公路贴图

（4）在"Unwrap UVW"【展开 UVW】修改器的面层级下，单击修改面板下的 Edit... 【编辑】按钮，弹出"Edit UVWs"【编辑 UVW】窗口。在弹出的【编辑 UVW】窗口里显示贴图并隐藏蓝色背景网格，如图 7-167 所示。

（5）选中公路模型，展开"Unwrap UVW"选择面层级，在场景中框选所有面，再回到【展 UV】编辑器中，调整整体的面的宽度（长度不用调整），展开后如图 7-168 所示。

第 7 章 室内外场景的综合应用

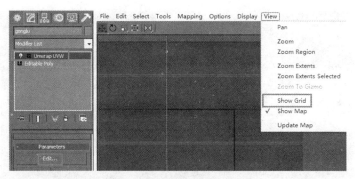

图 7-167 【展 UV】编辑器

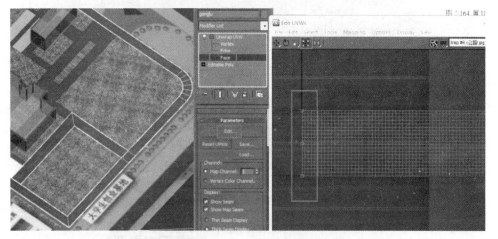

图 7-168 公路面的调整

（6）由于前期做路的模型时是以"渲染样条线"的方式实现，这样展 UV 贴图时，贴图的纹理就会沿着路线自动展开了，效果如图 7-169 所示。

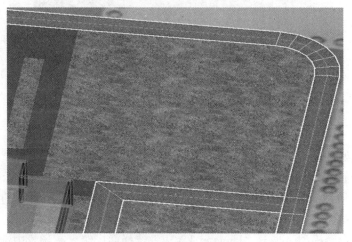

图 7-169 公路完成的贴图

（7）广场、停车场、水泥路等的贴图方法与前面草地的贴图方法相同，完成这些模型的贴图后，整个地形的贴图即完成了，效果如图 7-170 所示。

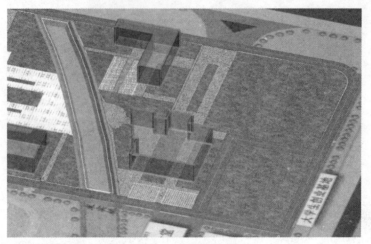

图 7-170 地形贴图完成效果

2. 建筑、小品贴图

（1）前期完成的综合楼模型是简模，这里使用展 UV 的方式进行贴图，先处理好的采集的图片素材，图 7-171 所示为处理好的一张 png 格式透明贴图。

图 7-171 综合楼图片素材

（2）把处理好的图片加入空白材质球，全名为"zonghelou"，赋给模型之后，在修改列表中按【U】键选择"Unwrap UVW"，为贴图添加坐标，如图 7-172 所示。因为校园的贴图为规则贴图，所以只需要整体调整其形状和位置，因为综合楼是对称的，所以不需要一个个去贴。

（3）选中综合楼模型，展开"Unwrap UVW"选择面层级，在场景中选中前面的面，再回到【展 UV】编辑器中，单击【修改】面板下的 Quick Planar Map 【快速平面贴图】按钮。再回到【展 UV】编辑器中，选择窗口下的【过滤选定面】按钮，使其孤立显示，调整其大小和位置。贴图如图 7-173 所示。

第 7 章 室内外场景的综合应用

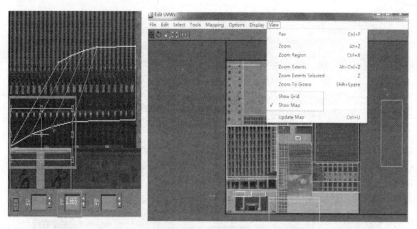

图 7-172 综合楼贴图

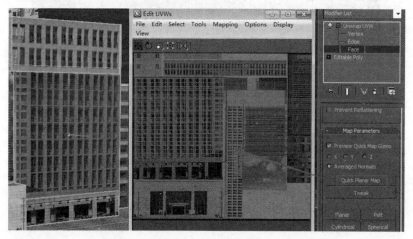

图 7-173 快速展平

（4）在"Unwrap UVW"【展开 UVW】修改器的面板层级下，选中【缩放】来调整正确的大小位置，如图 7-174 所示。

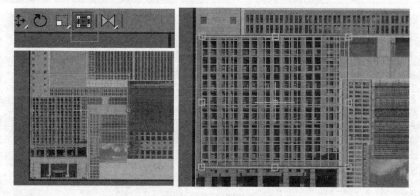

图 7-174 调整大小

（5）用相同的方法，选中模型中其他的面进行展开贴图，分别调整其大小和位置，完成对应的贴图，综合楼贴图完成的效果如图 7-175 所示。

图 7-175 综合楼贴图

(6) 综合楼的一部分贴好图之后,通过 Mirror(镜像)、Mirrir Axis(镜像轴)选中"XY"复制组合整个模型,完成综合楼的另一部分,如图 7-176 所示。

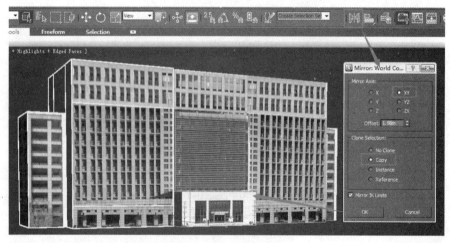

图 7-176 镜像复制

(7) 创建一个简单的文字模型,调节适当的参数,使其位于综合楼模型的顶部,如图 7-177

所示。

图 7-177 楼顶的文字模型

（8）创建十字面片来做一些花草树木，使用透明贴图的方法来实现其贴图效果，如图 7-178 所示。

图 7-178 树的透明贴图

7.3.4 校园场景灯光、渲染器设置

本节主要介绍场景的灯光布局和渲染器的设置，最终渲染出效果图。

1. 灯光设置

（1）单击 选中 "Standard"【标准灯光】卷展栏下的 "Target Direct"【目标平行光】来模拟太阳光，在场景中效果如图 7-179 所示。

（2）在 【修改】面板中修改设置灯光的参数，打开灯光所带的阴影（在 "On" 前打钩），设置阴影的类型为 Adv.Ray Traced，设置 "Multiplier"【灯光强度】为 0.44，以及光线衰减范围，具体参数如图 7-180 所示。

(3) 场景中灯光的优化参数设置如图 7-181 所示。

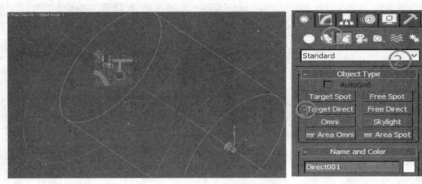

图 7-179 目标平行光

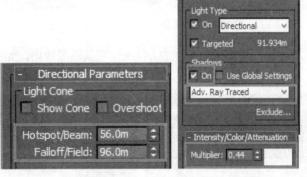

图 7-180 灯光参数设置

图 7-181 场景优化

(4) 如果场景中有的地方太暗，可以通过添加补充的方式进行调整。单击 将下拉菜单设置为"Standard"【标准灯光】，然后单击"Omni"【泛光灯】（图 7-182）为场景进行补光，具体参数如图 7-183 所示。

图 7-182 泛光灯补光

图 7-183 泛光灯参数

2. 渲染器的调整

（1）按【F10】键打开【渲染设置】对话框，设置渲染器为"Default Scanline Renderer"【默认扫描线渲染】，如图7-184所示。

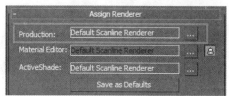

图7-184 渲染器的设置

（2）单击"Common"【公用】选项卡，在"Common Parameters"【公用参数】卷展栏下渲染尺寸为800×600，具体参数如图7-185所示。

（3）打开"Advanced Lighting"【高级照明】面板，在"Select Advanced Light"【选择高级照明】面板中选择"Light Tracer"【高级光追踪】选项，Bounces【反弹值】为1，效果如图7-186所示。

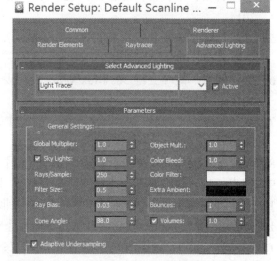

图7-185 渲染图片大小设置　　图7-186 灯光参数设置

（4）按【Shift】+【Q】键渲染当前场景，最终渲染效果如图7-187所示。

图7-187 校园完成效果

参 考 文 献

[1] 曹茂鹏，瞿颖健．3ds Max 2012 完全自学教程［M］．北京：人民邮电出版社，2012．
[2] 曹茂鹏，瞿颖健．3ds Max 2014 完全自学教程［M］．北京：人民邮电出版社，2013．
[3] 周厚宇，陈学全．3ds Max/VRay 超写实效果图表现技术法［M］．北京：人民邮电出版社，2011．
[4] 水晶石教育．水晶石技法 3ds Max/VRay 建筑渲染表现Ⅲ［M］．北京：人民邮电出版社，2014．
[5] 水晶石数字场景部．水晶石技法 3ds Max/VRay 建筑模型技术手册［M］．北京：人民邮电出版社，2013．
[6] 数码创意．巅峰三维 3ds Max/VRay 展示设计实例解析［M］．北京：中国铁道出版社，2016．
[7] 时代印象．3ds Max 2016/VRay 效果图制作完全自学教程［M］．北京：人民邮电出版社，2016．
[8] 李洪发．3ds Max 2016 完全自学手册［M］．北京：人民邮电出版社，2016．
[9] 赵岩．3ds Max 2015 命令参考大全［M］．北京：中国铁道出版社，2015．
[10] 曹茂鹏．3ds Max 疯狂设计学院［M］．北京：人民邮电出版社，2017．
[11] 唯美映像．3ds Max 2013 自学视频教程［M］．北京：清华大学出版社，2015．
[12] 彭国安．3DMax 建筑与动画［M］．武汉：华中科技大学出版社，2012．
[13] 王琦．Autodesk 3ds Max 2015 标准教材Ⅱ［M］．北京：人民邮电出版社，2014．
[14] 刘正旭．3ds Max/VRay 室内外设计材质与灯光速查手册［M］．北京：电子工业出版社，2014．
[15] 任肖甜．3ds Max 动画制作实例教程［M］．北京：人民邮电出版社，2016．